# 新手养花
# 一看就会

## 浇水·光照·施肥

蒋青海 编著

吉林科学技术出版社

**图书在版编目（CIP）数据**

新手养花一看就会 / 蒋青海编著. -- 长春 ：吉林
科学技术出版社，2022.10
ISBN 978-7-5578-9106-0

Ⅰ. ①新… Ⅱ. ①蒋… Ⅲ. ①花卉－观赏园艺 Ⅳ.
①S68

中国版本图书馆CIP数据核字(2021)第262227号

## 新手养花一看就会
XINSHOU YANGHUA YI KAN JIU HUI

| | |
|---|---|
| 编　　著 | 蒋青海 |
| 出 版 人 | 宛　霞 |
| 责任编辑 | 张　超 |
| 助理编辑 | 周　禹 |
| 封面设计 | 长春美印图文设计有限公司 |
| 制　　版 | 长春美印图文设计有限公司 |
| 幅面尺寸 | 167 mm×235 mm |
| 开　　本 | 16 |
| 印　　张 | 15 |
| 字　　数 | 200千字 |
| 印　　数 | 1-5 000册 |
| 版　　次 | 2022年10月第1版 |
| 印　　次 | 2022年10月第1次印刷 |

| | |
|---|---|
| 出　　版 | 吉林科学技术出版社 |
| 发　　行 | 吉林科学技术出版社 |
| 地　　址 | 长春市福祉大路5788号出版大厦A座 |
| 邮　　编 | 130118 |

发行部电话/传真　0431-81629529　81629530　81629531
　　　　　　　　　　　　　　81629532　81629533　81629534
储运部电话　0431-86059116
编辑部电话　0431-81629517
印　　刷　长春新华印刷集团有限公司

书　　号　ISBN 978-7-5578-9106-0
定　　价　49.90元

# 前　言

老舍先生在《养花》一文中写到："有喜有忧，有笑有泪，有花有果，有香有色。既须劳动，又长见识，这就是养花的乐趣。"这是老舍先生养花的乐趣，也道出了大多数人养花的乐趣所在。

眼下，养花似乎成为一种时尚，几乎每家都有几盆"像样"的花草，职场人士也乐衷在办公室养几盆"多肉"。近年来，花卉市场的品种也越来越多，除了以往的养花经典品种牡丹、月季、栀子外，香草、多肉也受到不少年轻人的青睐。

虽然美丽的花朵赏心悦目，但是养花并不是一件很容易的事。这是一项需要技巧的活儿，因为不同的花有不同的习性。养花的技巧和知识是一门学问，单是浇水这一件事，就有许多值得学习的东西。

身边总会有人问这样的问题：我家的文竹叶子黄了怎么办？我家金琥的根怎么烂掉了？叶子上长了虫子怎么办？世人爱花却不懂养花，就像很多美好的东西都有许多追求者，最终却得不到应有的保护一样，让人感到遗憾。

有鉴于此，我们特别邀请资深养花专家蒋青海老师编撰了这本书送给爱花却不懂养花的新手们，希望能够帮助你们解决养花过程中出现的种种问题，让每一朵花都能够尽情地绽放。

# 目录

## 第一章　新手养花手把手入门

## 第二章　我家五彩斑斓的观叶植物

第二章

## 姹紫嫣红的宿球根花卉花园

## 第四章 注重开花，更注重"结果"

## 第五章 散发迷人芳香的草本盆栽

## 第六章　大叔也能玩转的萌宠多肉

## 第七章　我家的木本花卉是会开花的"树"

# 第一章

# 新手养花
# 手把手入门

# 花卉对光照的要求

众所周知，光照是生物生长和发育的必要条件，尤其是植物需要光照来进行光合作用以维持自身的生长。而花卉作为植物王国中的一员，自然而然，它的生长和发育也离不开光照的参与。

不过，不同花卉对光照需要的程度是不同的。有些花卉对光照的需求特别大，不但要求光照度强，而且要求光照的时间长；有些花卉虽也需要光照，但并不需要很长时间的光照；有些花卉则只需要很短的光照时间，适宜在较阴的环境下生长；还有些花卉只适宜在阴湿的环境中生长，害怕强光的照射，如果给予较长时间的光照则可能生长不良，甚至死亡。

## 光照强度对花卉的影响

根据花卉对光照需要程度的不同，大体上可分成以下三个类型。

### ○ 阳性花卉

这类花卉需要充足的光照，有些花卉必须在14小时以上的长日照环境下才能生长良好，才能进行花芽分化，才能开出较大、较为鲜艳的花朵。

这类花卉，不宜放在室内作为装饰且不让它接受阳光，如果在室内放置的时间长了，就会出现枝条细弱、节间伸长、叶片黄瘦、花小不艳、香味不浓、果实青绿而不上色等现象，有的根本开不出花，大大降低观赏价值，如果持续长时间得不到光照，还容易受到病虫侵害，甚至会逐渐萎蔫而死亡。

这类花卉有唐菖蒲、鸢尾、凤仙花、翠菊、月季、石榴、半支莲、酢浆草、荷花、紫薇、米兰、柑橘、三色堇、无花果、夹竹桃、橡皮树等。

### ○ 阴性花卉

这类花卉是原生于丛林疏阴地带的花卉，它们在较为庇荫的环境条件下生长良好，通常荫蔽度要在50%~70%。到了夏季，荫蔽度还应更大一些，只有冬季和初春可以让它接受光照稍多一些。这类植物有山茶花、杜鹃、广东万年青、文竹、

龟背竹、龙血树、绿萝、竹芋、棕竹、倒挂金钟、君子兰、蒲葵、秋海棠、玉簪、蜘蛛抱蛋等。

## ◎ 强阴性花卉

这类花卉是原产于热带雨林、山地阴坡、幽谷和溪涧旁边等阴湿地带的植物，经不起过多的光照，更受不了阳光的直晒，即使在春、秋两季不太强的阳光下，也要给予适当遮阳，否则会受到损伤，出现焦叶、焦尖等现象。如兰科植物、蕨类花卉和天南星花卉等。对这类花卉，要求荫蔽度为80%～90%，如果受到稍长些时间的阳光照射，则容易导致生长停滞、叶片枯黄，严重时甚至整株死亡。

# ✿ 光照时长对花卉的影响

根据花卉对光照时间长短的不同要求，可分为以下三类：

## ◎ 长日照花卉

这类花卉要求每天有12小时以上的光照，这样才能形成花芽，这类花卉就称作长日照花卉。如果在花卉的发育期始终得不到足够的光照时间，就不能开花。一般地说，在春、夏季开花的花卉多属于长日照花卉，如茉莉、鸢尾、凤仙花、石榴、米兰、荷花、晚香玉、翠菊等。

## ◎ 短日照花卉

这类花卉要求每天日照时间短于12小时，这样才能形成花芽，如一品红、一串红、菊花、蟹爪兰等，这类花卉在夏季长日照的环境中只能生长，不能进行花芽分化，要等到入秋以后，在日照减少到每天10～11小时以后，才能进行花芽分化。

## ◎ 中日照花卉

这类花卉其花芽的形成对日照时间长短的要求不严格，只要温度适宜，一年四季都能开花。如月季、天竺葵、马蹄莲、美人蕉、香石竹、康乃馨等。

# 花卉对温度的要求

温度是花卉生长发育的重要条件，是花卉维持生命不可缺少的关键因素。不论其他环境条件如何适宜，如果温度超过了花卉植物所能忍受的最高温度或最低温度界限时，花卉就会受到损伤甚至死亡。

花卉和其他生物一样，它的生存要求有一个适宜的温度，若环境温度过高就会因酷热而灼伤机体甚至死亡。相反，如果环境温度过低，花卉会因受不了严寒而被冻死。各种花卉所要求的温度，随着它原产地所处的纬度、海拔高度和地形、时间等的不同而有所差别。原生于热带地区的花卉，它只适宜生活在气温较高的环境中而经不起寒冷和霜冻；原生于北方寒冷地区的花卉，则不能忍耐高温酷热的气候。因此，养花者就要对各种花卉的习性有一定程度的了解。

各种花卉都有其最适温度、最高温度和最低温度。大多数花卉的最适温度为15~25℃，在最适温度范围内，花卉的生理活动最为旺盛，生长速度也最快。

## 🌿 花卉对温度的要求分类

按照花卉对温度的不同要求，大体上可将花卉分为三大类。

### ◯ 耐寒性花卉

这类花卉原产于温带和亚寒带，能忍耐-15℃左右的低温。在华北和东北地区南部可露地越冬。如萱草、紫玉簪、野蔷薇、丁香、榆叶梅、宿根福禄考、百合、雏菊、石竹、玫瑰、金银花、紫藤、蜀葵等。

### ◯ 半耐寒性花卉

这类花卉大多数原产于温带南缘或亚热带北缘地区，其耐寒力介于耐寒性和不耐寒性花卉之间，能忍受较轻微的霜冻，一般能耐-4℃的低温，在长江流域一带可露地安全越冬，在华北、西北和东北地区需要采取一些保护措施，如埋入土内或将枝干加以包裹，有的则需要移入不低于0℃的室内越冬。如翠菊、月季、金鱼

草、三色堇、芍药、金盏菊、郁金香、结
香、夹竹桃、无花果、石榴、鸢尾等。

### ◎ 不耐寒性花卉

此类花卉大多原产于热带或亚热带地
区。它们性喜高温，在华南和西南部分地
区可露地越冬，其他地区都需要移到温室
内越冬，有的需在不低于0℃的温室内越
冬，故有"温室花卉"之称。如一叶兰、
一品红、山茶、杜鹃、变叶木、龟背竹、
铁线蕨、巴西木、蝴蝶兰、马蹄莲、鹤望兰、君子兰等。

## 🌱 花卉生长发育的不同阶段对温度的要求

一般来说，温度越高，植物进行的光合作用越强，制造的有机物质越多，呼
吸作用也越强。在10～32℃范围内，温度每增加10℃，花卉呼吸的速率就会增加
两倍左右，对花卉的茁壮生长很有益。不过，即使是同一种花卉，它在不同的发育
阶段对温度的要求是不同的。在播种后这个时期，温度高一些，对种子吸收水分有
帮助，对种子的萌发和出土比较有利。但在幼苗出土后，温度最好不要太高，以避
免植株徒长。在植株进入营养生长期后，则需要有较高的温度，温度高可促进花卉
的生长和发育。在开花阶段，花卉又不需要高温了，
相反，这时温度低些反而有利于它的生殖和生
长。各种花卉到夏季伏天时就停止开花，
就是因为这时的温度很高，扼制了花卉
的开花。

对二年生的草花来说，种子萌
芽阶段需要较低的温度；幼苗生长
期间则需要更低些的温度，最好是
1～15℃，因为经过低温的锻炼，有
利于通过春化阶段，进行花芽分化；
进入营养生长期后，又需要有较高的
温度来促进它生长发育了。

# 养花与空气的关系

## 🌿 空气中的氧和二氧化碳含量对花卉的作用

空气中的氧占空气的20%左右。花卉或其他植物进行呼吸作用时，需要吸收氧气，呼出二氧化碳，特别是种子萌发、花朵开放时呼吸作用特别旺盛，所以种子不能长期浸泡在水中，否则就会因缺氧而发生腐烂。土壤内积水或板结也会造成缺氧，使根系呼吸发生困难而造成生长不良，严重时可引起烂根。由此可看出氧气对花卉生长的重要作用。

露地种植的花卉，雨后或浇水后需常松土，并注意排除积水；盆栽花卉在梅雨季节及夏天阵雨后需检查盆内是否积水，如有积水应立即倒出，其目的就是为了使土壤内有充足的氧气，以供给植株生长的需要。

空气中的二氧化碳含量很少，仅占0.03%，但二氧化碳是光合作用的重要原料，缺少了它，光合作用就不能进行。当空气中的二氧化碳含量增多（10倍以内）时，花卉光合作用的速度可随之加快，当然太过量了反而会抑制光合作用的进行。

## 🌿 了解对花卉有危害的气体

现代工业生产会在空气中散发许多有害的气体，其中对花卉危害最大的是二氧化硫、氯气、氟化物、一氧化碳、臭氧和氮氧化物、氨气和光化学烟雾等。

### ◌二氧化硫

二氧化硫从气孔进入花卉的叶片后，会破坏细胞内的叶绿体，使组织脱水并坏死，叶脉可褪成黄褐色或白色，叶片逐渐枯黄，生长旺盛的叶子受害严重。

○ **氯气**

花卉受氯气伤害后，叶脉间将产生不规则的白色或褐色坏死斑点、斑块，初期呈水渍状，严重时则变成褐色并卷缩，叶子逐渐脱落。

○ **氟化物**

氟化物中毒性最强的是氟化氢，花卉受害后很快就会出现枯萎现象，叶片由绿色变成黄褐色。最易受害的是幼叶和新萌发的嫩叶。

> **小贴士**
>
> 防止有害气体对花卉侵害的主要措施是注意经常让花卉得到新鲜的空气，盆栽花卉应放置在空气流通的地方。室内养花者特别要注意不要将花盆放在用煤炉烧饭、烧菜的厨房内，否则很容易使花卉遭受一氧化碳侵袭而死亡。

## 🌱 具有净化空气和监测环境作用的花卉

有许多花卉，若受到有害气体的侵袭，就会受到伤害。但也有许多花卉具有吸收有害气体、净化环境的作用，有利于人体健康。

○ **对二氧化硫抗性强或较强的花卉**

大叶黄杨、夹竹桃、金橘、桂花、冬青、丝兰、女贞、山茶、棕榈、广玉兰、翠菊、石竹、美人蕉、龙柏、泡桐、龟背竹、扶桑、月季、栀子、万寿菊、凤仙花、海桐、鸡冠花、枸骨等。

○ **对氯气抗性强或较强的花卉**

杜鹃、白兰、代代、万年青、海桐、一串红、矮牵牛、结缕草、大叶黄杨、瓜子黄杨、夹竹桃、扶桑、朱蕉、唐菖蒲、大丽花、珊瑚树、女贞、栀子等。

○ **对氟化氢抗性强或较强的花卉**

一品红、倒挂金钟、牵牛花、夹竹桃、玫瑰、天竺葵、万寿菊、紫薇、罗汉松、棕榈、大叶黄杨等。

◎ **能吸收氯气的花卉**

　　夹竹桃、八仙花、棕榈等。

◎ **对氟化氢敏感的花卉**

　　风信子、唐菖蒲、萱草、鸢尾、仙客来、杜鹃、郁金香等。

◎ **对臭氧敏感的花卉**

　　香石竹、矮牵牛、小苍兰、牡丹、藿香蓟、菊花、万寿菊等。

# 浇水的方法

## ❧ 不同花卉对水的要求

　　不同种类的花卉对水分的要求一般是不一样的，这和花卉原生地的水分条件有密切的关系。原生于热带和亚热带雨林中的花卉，需水量较多；原生于干旱地区的花卉需水量较少。叶片大、质地柔软、光滑无毛的花卉需水量多；叶片小、质地硬、表面具蜡质层或密生茸毛或刺的需水量就少。根据花卉对水分需求的不同，通常将花卉分为以下五大类：

◎ **水生花卉**

　　这类花卉由于茎、叶、根均有发达的相互贯通的通气组织，适宜在水中生活，如荷花、睡莲、凤眼莲、王莲等。

◎ **湿生花卉**

　　这类花卉因长期生活在潮湿的地方，在其体内也有较发达的通气组织，因而形成了耐湿怕旱的特性。它们通常根系不发达，控制水分蒸腾作用的结构较弱，叶片薄而软，因而抗旱能力差。常见栽培的湿生花卉有湿生鸢尾类、秋海棠类、各种蕨类、水仙和天南星科、兰科以及部分凤梨科植物等。

湿生花卉和水生花卉主要的不同点在于湿生花卉不喜欢长期浸没在水中生活，在发育的某些阶段要求土壤稍干燥，以便于土壤中气体的交换和养分的释放，以利于其茁壮生长、开花良好。

## ○ 中性花卉

通常所见的花卉大多属于此类。它们的根系和传导组织都比水生和湿生花卉发达，但其体内缺乏完整的通气组织，因而不能在积水的环境中正常生长，它们对水分较敏感，既怕旱又怕涝。这类花卉对水分的要求介于湿生与旱生花卉之间，适宜生长在干湿适中的环境中，如茉莉、米兰、吊兰、扶桑、君子兰、月季，以及一二年生的草花和宿根花卉等，因而对这类花卉浇水应掌握"见干见湿，干湿更替"的原则。

## ○ 旱生花卉

这类花卉能忍受土壤和大气的长期干旱，并能维持水分平衡，故而称之为旱生花卉。它们长期生长在雨水稀少的干旱地区或沙漠地带，为了适应这种环境条件形成了一种特殊的形态结构。旱生花卉的特点是能耐旱保水，怕水涝，水分多了容易烂根，如仙人掌、仙人球、龙舌兰、虎尾兰、景天、芦荟、条纹十二卷、水晶掌、佛手掌、长寿花、落地生根、长寿花、松叶菊、石莲花等。对这类花卉浇水的原则是"保持盆土偏干，切忌多浇水"。

## ○ 半耐旱花卉

这类花卉的叶片多呈革质或蜡质状，或叶片上具有大量茸毛，枝叶呈针状或片状，如杜鹃、橡皮树、白兰、山茶、梅花、天竺葵、蜡梅、天门冬以及松、柏、杉科植物等。对这类花卉的浇水原则是"不干不浇，浇则浇透"。

# 🌱 花卉在不同的生长发育期对水分的不同要求

浇水量的多少，不仅要根据具体花种对水分的喜恶程度而有所区别，而且要根据花卉不同的生长发育期对水分的需要量不同而灵活掌握，若不懂这方面知识，不论它在什么生长时期都始终如一地浇同样的量，对花卉的生长是极其不利的。

### ◎ 种子萌发期

种子萌发前需要吸收大量的水分，才能使各种生理活动得以顺利进行。种子浸水后，其呼吸作用即开始加强，其细胞内酶的活性提高，通过水解与氧化作用，营养物质从不溶状态变成水溶状态输送到各个生长部位供其吸收和利用，从而使种子的胚根、胚芽突破种皮而生长，故而在这个时期需要大量的水分供给。

### ◎ 营养生长期

营养生长可分为幼苗期、青年期和壮年期。幼苗期根系弱小，在土中扎根较浅，抗旱能力差，故须经常保持土壤湿润，但不能浇水过多，否则易引起徒长。青年期正是枝叶生长的旺盛期，此时对水分的需求量也大，应该供水充足才能使植株茁壮生长，枝繁叶茂。壮年期也需要给予适当水分，防止其早衰。

### ◎ 生殖生长期

花卉生长一段时期后，营养物质经过一定程度的积累，便由营养生长转向生殖生长，进行花芽分化，然后开花、结果。在花芽分化期水分供应必须适当，若水分供应不足则会影响花芽正常发育，但水分供应过多也会抑制花芽形成，因而要适当减少浇水次数和浇水量，以达到控制营养生长、保证花芽分化的目的。例如碧桃、紫荆、梅花等花木，在花芽分化的关键期减少浇水次数，可起到促进花芽分化、多

开花、多结果的目的。有些球根花卉，如郁金香、水仙等，也同样可以在花芽分化期采取适当减少浇水次数和浇水量的措施，促进花芽分化。开花期间的水分供应要控制适量，若水分过少则花朵难以完全绽开，或使花朵变小，颜色变淡，而且会缩短花期；而水分过多又易引起落花、落蕾。坐果初期要适当控制浇水量，以防引起落果，待到果实成长期则应给予充足的水和肥，以利果实硕大。在花卉的休眠期，其体内新陈代谢活动降至极为缓慢状态，此时的需水量极少，因而浇水要严格控制，以利于花卉休眠。

## ❦ 盆花有哪些不同的浇水方式

盆花浇水的密度和浇水量的多少，首先要根据不同花种对水分的喜好程度进行处理，其次要根据其生长发育的不同阶段而灵活掌握，最后根据当时的季节、天气情

况、温湿度的高低、花盆的质地、植株的大小以
及盆土的干湿程度来加以综合考虑，因而形成了
多种多样的浇水方式，归纳起来，有下列几种：

## ○ 浇水

在春、夏、秋三季，浇水的时间最好在上午
9～10时，冬季则在下午2～3时。所浇的水，要
掌握其温度和盆土的温度相近。冬季浇水，应使
水温略高于气温，夏季浇水则宜用稍低于气温的
水，水和盆土的温度以相差2～3℃为宜，不应超过5℃。对喜干的花卉要少浇水，
只要保持盆土微湿即可，但也不可使其过分干透；对喜湿的花种，要注意经常保持
盆土湿润，但也不可使其积水或过湿。

## ○ 找水

在春、夏两季的晴天，盆土中的水分蒸发较快，尤其在夏天，除上午浇一次水
外，还要根据盆土干湿情况、当时空气干燥程度，在下午3～4时补浇一次。总之，
要根据盆土情况，缺水就浇，不缺水则不浇，以保持盆土湿润为度。若遇天气特殊
变化，如夏季酷热、天干地燥，则可以增加浇水次数，不受限制。

## ○ 放水

花卉生长发育的旺盛期，是花卉放条、发棵、催花、壮果的时期，可结合追
肥，加大浇水量，保持盆土充分湿润，使植株不受到干燥的伤害。

## ○ 扣水

扣水就是限制浇水的次数。使用这种做法，有以下几种情况：一种是休眠的盆
花，或是在低温时期，或是为了蹲苗防止植株徒长，或是在植株新上盆，或是因盆

土中水量过多而出现黄叶、落蕾现象之际。
在有以上情况时，均应适当控制浇水次数和
浇水量，保持盆土湿润即可。还有一种情况
是减少浇水量以限制营养生长，使养分得以
积累，以利于花芽分化，促进孕蕾。

## ○ 喷水

遇有空气特别干燥的情况，除正常的
浇水和找水外，还应向叶面及其周围喷水。
尤其是夏季高温季节，气温极高，空气也极

干燥，需要根据情况每天向植株及地面喷水2～3次，以降低温度和增加空气中的湿度，特别是那些喜湿润的观叶植物不能忘了喷水加湿。对于原生于南方的植物，要注意使盆土湿润，在雨后骤晴和夜间闷热的夏季要喷水降温。对那些喜欢凉爽、害怕闷热的花卉，如仙客来、郁金香、倒挂金钟、三色堇、紫罗兰、君子兰、水仙、风信子、瓜叶菊、天竺葵、旱金莲、香石竹、四季樱草、荷包牡丹等花卉，应及时喷水，保证其有比较凉爽清新的环境。

### ◎ 过路水

有许多花卉，都害怕花盆内积水，积水容易使植株黄化，尤其是使用紫砂盆、釉陶盆、塑料盆所养的花卉，由于花盆的透气性很差，要特别注意使盆内的排水通畅，应在盆底垫一层碎瓦片并在培养土内掺入些煤渣等物做排水层，使多余的水能够及时排出。在高生长季节，每隔2～3天应浇一次大水，让多余的水分自盆底随时排出。

### ◎ 回水

对许多观花类花卉，如茉莉、杜鹃、白兰、茶花等，在出现花蕾时都需要浇施液肥。在头一天傍晚施过液肥后，第二天早晨一般都要再浇些清水，以促进根须吸收到肥分，这样的浇水称作"回水"。浇回水是因为头一天傍晚所施的肥，经过一夜的渗透已有些干燥，肥分的浓度增大了，不容易被根吸收，这时浇些清水，将盆土中的肥分加以稀释，可让根须充分地吸收肥分，利于促进花朵增大、增艳。

## ❧ 阳台养花浇水要注意的事项

在阳台上用盆养花，因为没有地气，比在地上栽花容易干枯，所以要求及时浇水。延误浇水时间或少浇水，都会造成花卉叶片焦黄甚至枯萎，影响花卉生长。初学养花者常常会担心花盆内缺水，不管盆内干湿，也不看天气晴雨，只顾天天浇水，结果常常出现把花浇死的现象，所以初学养花者必须学会浇水的技巧。

### ◎ 注意水质

在城市里用自来水浇花，最好要先把水放进桶内或罐内储存1～2天后再浇，因为自来水内含有漂白粉，有氯的成分，经过储存后就比较安全。如果能在下雨时接到雨水，用来浇花，则水质比自来水的好。此外，如果附近有池塘或小溪流，可从那里取水来浇花。

### ◎ 注意水温

浇水时要注意水温，其温度应和盆土的温度差不多。如果在夏季浇水，至少要把自来水放出来放置几小时，让水温和气温接近后再用，否则用很冷的水猛然浇在温度较高的花上，会对它造成伤害，更不能将井水取出来后立即浇花，因为井水的温度较低。

### ◎ 注意浇水量

要根据花卉的习性、当时的气温、空气的干湿情况、盆土的干湿情况、花木所处的生长期等多种情况来决定浇水量。喜湿花卉可多浇些，喜干花卉要少浇些；草本花卉要多浇些，木本花卉要少浇些；叶大质软的花卉要多浇些，苗小盆大的花卉要少浇些；放置阳台上的花卉多浇些，放置室内的花卉少浇些；气候炎热时多浇些，气候凉爽时少浇些；干旱天气多浇些，阴沉天气少浇些，下雨天不要浇；花卉孕蕾时多浇些，盛花期少浇些；泥盆、瓦盆多浇些，瓷盆、釉盆、塑料盆少浇些。

## ❀ 怎样判定盆花是否需水

由于各种花的原产地不同，它们的习性不同，对水分的需求程度也各不相同。有些花卉浇水要求"见干见湿"，有些花卉则要求"宁干勿湿"。那么，怎样知道盆土已经变干需要浇水呢？怎样掌握好浇水的分寸呢？下面介绍几种简单的判断方法。

### ◎ 根据花盆重量来判断

这种方法是用手掂一下花盆的重量，如果比正常情况下轻很多，就表明缺水了。

### ◎ 轻敲花盆听声音判断

这种方法是用木棒或手指轻敲花盆，根据所发出的声音来判断若发出的声音清脆，说明盆土已经变干了；如果发出的声音低沉而发闷，则表明盆土中还有较多的水分，还不太需要浇水。

### ◎ 用目测法判断

观察盆土表面的颜色，看其有无变化，如颜色变浅或呈灰白色，表示盆土已干，需要浇水；若颜色较深，表示盆土湿润，可暂不浇水。

### ◎ 用指测法判断

用手指插入盆土2~3厘米深处摸一下土壤，若感觉粗糙而坚硬时，即表示盆土已干，需立即浇水；若感到潮湿，土壤细腻松软，表示盆土湿润，可暂不浇水。

## ◎ 用捏捻法判断

用手指捻一下盆土，如土壤成粉状，表示盆土已干，要立即浇水；若土壤成片状或团粒状，则表示盆土潮润，可暂不浇水。

## ◎ 根据花卉本身的表现判断

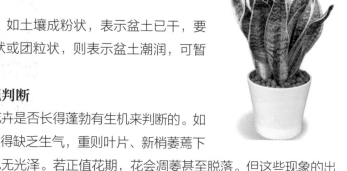

这种方法是从观察花卉是否长得蓬勃有生机来判断的。如果花盆缺水，植株就会显得缺乏生气，重则叶片、新梢萎蔫下垂，甚至枯萎黄叶，叶色无光泽。若正值花期，花会凋萎甚至脱落。但这些现象的出现，也并不一定是因为缺水所造成的，有可能是因为病害、虫害、缺肥、水分过多、烂根、气温不合适、受有害气体侵袭等其他原因造成的，必须仔细观察，加以判断。

# 花卉生长与土壤的关系

除了新发明的无土培植以外，家庭日常养花都离不开土壤，土壤是花卉生长的基础。要想把花卉养好，选用适宜的土壤是一个非常重要的条件。

对栽植花卉的土壤有两方面的要求：一是土壤的物理性质，也就是土壤的黏性程度和疏松程度，黏重的土壤不适合种花，这种土透气性差，排水不畅，种花要用比较疏松的泥土。二是土壤的化学性质，就是土壤的酸碱性，测定土壤的酸碱度在学术上常用pH值来表示， pH值等于7的为中性土，小于7的为酸性土，大于7的

为碱性土。在化学试剂商店可以买到pH试纸，测定时先取土加水和匀，再把试纸放进去蘸一下，纸色变蓝即为碱性土，变红则为酸性土。

按pH值的大小可把土壤分成几个等级：强酸性土，pH值为3.0～4.5；酸性土，pH值为4.5～5.5；弱酸性土，pH值为5.5～6.5；中性土，pH值为

6.5～7.5；碱性土，pH值为7.5～8.5；强碱性土，pH值为8.5～9.5。

一般说来，喜酸性土的花卉比较多，pH值超过8的碱性土已不适宜种花，我国北方多为碱性土，南方或北方的高山地区多为酸性土。

## 🌱 怎样鉴别土壤的酸碱性

### ○ 看土的来源

根据土壤的来源判定土壤的酸碱性。在自然界中，山谷洼地的腐殖土呈黑色、褐色、棕色，是一种肥沃的酸性土壤；森林地带的腐叶土多为褐色，系由地表落叶经多年堆积腐烂而形成的，这种腐叶土质地疏松，多孔隙，呈酸性或弱酸性（一般来讲，针叶腐叶土呈酸性，阔叶腐叶土为弱酸性）。这两种土所含养分丰富，适合栽培各种喜酸性土壤的花卉。

从泥炭沼泽地里采集的土壤，又称草炭土、泥炭土，为黑褐色，它是有机物不断积累后在淹水缺气条件下形成的，其中部分已经炭化，富含有机质，呈酸性。泥炭土本身可供植物吸收利用的养分并不多，但含有大量的纤维和腐殖酸，吸肥和保水的能力较强，用其改良土壤的物理性质，可配制成重量轻、质量好、不带病虫害、适合大部分花卉用的各种培养土。

### ○ 看土的颜色和团粒

从土的颜色上来看，弱酸性的土壤，一般大都呈黑色、褐色、棕黑色、黄红色；碱性土壤多呈灰白色、黄白色。从土壤的团粒结构看，酸性土壤的团粒结构较多，如抓起一把来仔细观察，有似米粒大小的土粒；而碱性土壤则不然，团粒结构少或没有，多呈沙状。

用作培养花卉的土壤，应当选择有团粒结构，且颜色为黑褐色、棕色的土壤。

### ○ 看土壤中生长的植物

凡是生长有针叶植物或黄色杜鹃（山坡上一种野生的杜鹃，开黄颜色的花）的地区是弱酸性土壤；长有柽柳、海蒿子等植物的地区，大多是碱性土壤；凡豆类、甜菜、谷子、高粱、棉花、梨、葡萄等植物生长的地区，一般为中性或偏碱性土壤；盛产小麦、番薯的土壤，一般多偏碱性。

## ◎ 看水情

土壤板结，浇水后干得快，且表面会有一层白色粉状物的为碱性。浇水后，土壤松软，甚至立即渗出浑浊的水的，多为酸性。浇水时冒出白色气泡或起白沫的，多为碱性。

# ❦ 培养土的配制原料

花卉的生长和发育，需要有适当的养分供给，这就需要配制适宜盆花生活的培养土。培养土常由几种原料配制而成，可以利用的原料很多，现择常见的原料介绍如下：

## ◎ 园土

即菜园、果园等经过多年种植的熟土。这种园土若经过沤制，则更为理想，即把园土堆积成馒头形，再在顶部开个洞，将人粪尿或猪粪尿注入，然后用稠稠的黏土抹在外层将土堆封闭好，或用塑料膜将其封闭好。春、夏季经2~3个月，冬季经3~4个月后，将其破开翻晒，碾碎后即成为上佳的配制培养土的原料。

## ◎ 塘泥

即经过较长时间沉积在池塘、湖泊或排水沟底的污泥。塘泥可在冬季排水捕鱼时获取，排水沟中的污泥可在清洁工清除阴沟土时获取，经冬季冻酥后敲碎使用。这种塘泥和阴沟泥团粒结构好，肥力较强，呈酸性，排水性好，适合大多数花卉。

## ◎ 腐叶土

腐叶土是由落叶、枯枝、草秸等加园土堆制发酵而成，一般需堆制1年以上才能和园土融合成一体，其特点是腐殖质含量高，保水保肥能力强，疏松而且排水性好，营养成分比较全面，呈弱酸性。

## ◎ 河沙

河沙的颗粒较粗，干净，不含污物杂质，本身虽不含多少肥力，但有极好的透气和排水性能。掺和在培养土中可起到疏松土质的作用，有利于植物的生长发育，特别有利于比较板结土壤的疏化改造。河沙可单独用于多种植物的扦插和仙人掌类及多肉植物的栽培。

### ◎泥炭土

此土又称泥灰土，质地松软，透气及保水性能都很好，多呈酸性，适宜作为生长缓慢的常绿花木的扦插用土，是配制培养土的主要原料之一。

### ◎山泥

山泥也称松针土，系山区林下的落叶层经多年自然堆积而形成的腐叶土，呈酸性，富含腐殖质，质地疏松，排水、透气性很好。

### ◎锯木屑

锯木屑表面粗糙，孔隙度大，重量轻，用它配制成的培养土，具有疏松透气、排水性好、保水保肥能力强、重量轻等特点，适合于栽培盆花。用锯木屑作为培养土的成分，时间长久后，其本身也会分解产生有机酸，可改良土壤碱性。锯木屑分解产生的腐殖质，还可提高土壤肥力，特别有利于培养酸性花卉。若能获得芳香性锯木屑，特别是樟木类锯木屑作为培养土的原料，则还具有预防病虫害的作用。

### ◎煤炭渣

煤炭渣是经过炊事燃烧后的废弃物质。这种炉渣肥量虽不大，但具有很好的疏松土质、加强排水透气的作用，特别是黏土和比较板结的黄泥土，更需要有这种煤炭渣掺和，才能排水透气，利于花卉植物的生长。

### ◎珍珠岩

珍珠岩是一种酸性的玻璃质火山喷出岩，具有珍珠状球形裂缝，颜色灰白，重量较轻，含有3%～5%的水分，可用来改良土壤结构，增加盆土的贮水能力。

### ◎蛭石

蛭石是一种黄绿色的矿物质，呈片状，常用作培养种子和插穗的基质，无腐蚀性和毒性，具有良好的保持水分的特性。

### ◎厩肥土

厩肥土是由家畜、家禽的粪便与泥土、杂草等堆沤而成的，这种土内含有较多的腐殖质，具有很强的肥力。

### ◎砻糠灰

砻糠灰是稻子用砻具轧脱下来的谷壳，经过燃烧后剩下的炭灰，有一定的肥力，并可改善泥土结构，使土壤增加疏松度，提高土壤排水透气的性能。

# 肥料的使用

肥料是养好花卉的物质基础，是花卉养分的主要来源。我国民间有句花谚："活不活在于水，长不长在于肥。"可见肥料对花卉生长的重要性。花卉有机体是由多种营养元素构成的，施肥的目的就是补充土壤中营养物质的不足，以满足花卉生长发育过程中对营养元素的需要。当肥料供应不足时，花卉会产生营养不良的症状，植株矮小细弱，分枝少，叶片萎缩发黄，顶梢新叶逐渐变小，开不出花，或花朵少而小，色泽暗淡，不易结实或结实后易脱落。只有在肥料充足时，花卉才能生长得枝繁叶茂，叶片浓绿光润，花多朵大，挂果累累，具有较强的抗寒、抗旱、抗病能力。所以说："要使花儿发，全靠肥当家。"

## ❦ 肥料的种类

肥料分有机肥与无机肥两大类。

### ○ 有机肥

有机肥是动植物的残体或排泄物经过发酵、腐烂后形成的肥料。这种肥料又称为完全性肥料，它不仅含有花卉生长发育所需要最多的氮、磷、钾3种重要元素，还含有其他微量元素及生长刺激素，其中大量有机质分解后产生有机酸，能溶解磷酸钙一类的难溶解的肥料。有机肥料中分为动物性有机肥和植物性有机肥。

动物性有机肥：人畜粪、骨粉、羽毛、蹄角、鱼类、动物内脏、蛋类等。

植物性有机肥：豆饼肥、其他种子榨油后的饼肥、芝麻酱渣、树叶杂草、草木灰、绿肥、中药渣、酒糟、豆腐渣、各种果皮菜叶等。

有机质中的腐殖质能改良土壤结构，增加土壤的保水、保肥和通透性能，还有肥效长远、缓和等许多优点。但这类肥料也有缺点，那就是肥效慢，来源比较困难，加工制作也比较麻烦。

在这两类有机肥中，动物性肥料所含的氮、磷、钾3种元素高于植物性肥料，且肥效也较长。它们有个共同特点就是必须经过发

酵腐熟分解后，到无恶臭的程度才能施用，否则，不但不利于植物的生长发育，而且会把植物烧死。

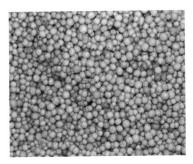

### ◎ 无机肥

无机肥料是用化学方法制造或用天然矿物质加工制成的肥料，或称作商品化学肥料，常见的有尿素、硫酸铵、硝酸铵、碳酸氢铵、氨水等氮肥，过磷酸钙、钙镁磷肥、磷酸铵、硫酸二氢钾等磷肥，硫酸钾、氯化钾、硝酸钾等钾肥。

这种化学肥料的特点是养分含量高，施用后见效快，使用方便，清洁卫生。但也有营养成分单一、长期单独使用容易造成土壤板结等缺点。因此，最好是将有机肥与无机肥交替使用，这样做既可供给养分，又可改善土壤的理化性质。

除上述两大类肥料外，现已生产出了以氮、磷、钾为主并含有多种微量元素的多种复合花肥和无土栽培营养液等，养分全面，有颗粒状的，也有片状的，使用起来很方便。但使用时必须先了解清楚它们的成分和作用，以免使用不当，引起花卉损失。

在上述化肥中，磷酸钙、磷矿粉适于掺入土中或放入盆底作为基肥，其他化肥都可作为盆栽花卉的追肥，但不宜长期使用，以免造成盆土板结。

## ❧ 施肥的原则

"适时、适量、适当"的施肥原则，就是要根据具体花卉品种的特性、生长的阶段和当时的气候与季节情况，该施哪种肥就施哪种肥，该施多少就施多少，该浓施则浓施，该薄施则薄施，不该施则切不可施，总之一句话，就是要根据"适时、适量、适当"的原则施肥，不能乱施。

### ◎ 适时施肥

适时施肥就是要根据花卉生长发育阶段，施不同种类和不同分量的肥料。如在花卉幼苗时期，一般对氮肥的需求量比较大，这个阶段施肥，应适当加大氮肥的比

例，通常氮、磷、钾之比为10：7：5。此后成苗期，氮、磷、钾之比宜为10：5：8。在花芽分化和孕蕾期，氮、磷、钾之比应改为5：7：6。

在开花之后，宜补充几次养分全面的有机肥，像人粪尿、饼肥水等，室内装饰用的花卉，可用少量的尿素、硫酸铵或氯化铵来代替。坐果期则应适量控制肥料，坐果后可增施少量氯化钾或硫酸钾，以促进果实发育。

按季节来说，春、秋季是花卉生长旺盛的季节，也就是需肥较多的季节，此时就应勤施；在夏季来临进入酷暑之际，则应该停施或少施；到了冬季严寒季节，花卉大多处于休眠或半休眠状态，除在冬季开花的花卉外，都应停止施肥。

还有一种需要适时追肥的情况是：在发现花卉的叶色变淡、植株瘦弱时，应适时施肥。

## ◎ 适量施肥

适量就是所施肥料的多少要掌握好。施得太少起不了作用；若施过量了，不但达不到使花卉茁壮生长的目的，而且会把花卉烧死，特别是使用无机肥料时，要注意掌握"宁少勿多"的原则。适量，还要根据花卉生长的各个不同阶段施不同量的肥料，不能千篇一律。适量施肥必须是"薄肥勤施，看长势，定用量"。

## ◎ 适当施肥

适当根据不同的花卉品种施不同分量的肥料，施肥要因花而异。如球根花卉对磷钾肥的需要量较大，因而在它的营养生长期应多施磷钾肥，以促使球根充实，开花良好；香花类花卉在孕蕾期也要多施磷钾肥，如桂花、茶花喜猪粪肥，忌人粪尿；茶花、栀子花、杜鹃等原生于南方的花卉，忌碱性肥料，除每年需要修剪之外，还应加大磷钾肥的施肥量。以观花为主的花卉，如菊花、大丽菊等，在开花期需要施适量的完全肥料，才能生长得花大色艳。以观叶为主的花卉，宜偏重于施氮肥。以观果为主的花卉，在开花期应适当减少肥水，而在壮果期则应施充足的完全肥料。施用有机肥料，切不可施用未经发酵的生肥，一定要等其充分腐熟、加水使其稀薄后再施。

# 🌸 怎样做到合理施肥

花卉生长好坏与肥料是否充足和合理有很大关系。合理施肥，就是要根据花卉的实际情况来施肥。

## ○ 花卉生长发育阶段的施肥

花卉在幼苗时期，一般对氮肥的需求量比较大，这个阶段施肥应适当加大氮的比例。在植株开花之后，要补充几次养分全面的有机肥。室内装饰用的花卉，由于有机肥大多有难闻的臭味，一般很少采用，可以改施干净而无臭味的无机肥，如少量尿素、硫酸铵或氯化铵。在使用化学肥料时，要严格控制用量，不可过多过浓。在植株的坐果期，则要适当控制施肥。在坐果之后，应增施些硫酸钾或氯化钾，对结实坐果很有作用。

## ○ 根据花卉的特性来施肥

每一种花卉都有自身的特性，对肥料的需求也不一样。如球根花卉中的百合、朱顶红、大丽花以及肉质根的吊兰、君子兰等，对钾肥的需要量比氮肥大。观叶植物如变叶木、网纹草、花叶芋、洋常春藤、虎尾兰、花叶芋等，对氮肥的需要量最多。观花和观果的植物则对磷钾肥需求较多，施肥时必须分别对待。以观果为主的植物，开花期要适当控制肥水，壮果期则应给予充足的完全肥。花期长的月季、茉莉、米兰、扶桑、白兰花等，对磷、钾、硼的需求量较大；仙人掌类植物，对氮、磷、钙的需求较多；大花、多花型的花卉，如菊花、芍药、花毛茛等，花前要施足量的完全肥。

---

**小贴士**

有些养花者把淘米后的水留下来浇花用，有的养花者则对这种做法持怀疑态度，不知这样做对不对。行家认为，淘米水浇花是对的，因为淘米水中含的糠粉和碎米细粒很多，而且其中含有很丰富的磷、氮和多种微量元素，都是花卉生长所需要的有益物质。所以用淘米水浇花，确实对花卉的生长发育有利，不必怀疑。

---

## ○ 根据季节特性来施肥

春季花卉复苏后，就逐步进入旺盛生长阶段，此时，对肥料的需求量较大。但要注意，刚萌动展叶时的幼苗不宜施肥，更不宜使用速效化肥和浓肥。因为刚刚萌动时，根毛生长旺盛，若施较浓的肥，容易引起萎缩，导致叶缘枯黄变焦。

盛夏高温时一般不宜施肥，即使施肥浓度也应降低。但对生长开花旺盛的花卉，如米兰、一品红、石榴、夜来香、扶桑等类的花卉，仍要加强施肥。入秋以后，要减少施用氮肥，增施磷钾肥，为越冬做准备。到了冬季，花卉进入休眠期时，应停止施肥。但在温室内，冬季开花的瓜叶菊、仙客来等，则仍要正常施肥管理。

# 花卉的无土栽培

几千年来，花总是栽在土里的，可现在不用泥土也可以栽了，而且同样可以把花卉培养得生机勃勃，这是怎么回事呢？

这是因为科学进步了，人们发明了"无土栽培"。无土栽培是不用土壤作为基质，而是用其他基质代替土壤来栽培植物的方法。采用无土栽培法虽然不用泥土，但必须用其他方法供给花卉养分，以保证植物的生长需求。

## ❧ 无土栽培的好处

（1）比较清洁卫生，没有使用有机肥那种发酵后散发出来的臭气。

（2）可以减少环境污染，避免花卉病虫害的传播。

（3）栽培的基质便于消毒，基质内极少有杂草的种子，用不着除草。

（4）大规模栽植时，可以使用机械化管理，节省大量人工。

（5）无土栽培的花卉生长快，开出的花朵大，产量高，适于大量切花生产。

（6）无土栽培用营养液供应植物生长所需要的养分，容易被花卉根系吸收，节省肥水。

（7）不受当地水土条件限制，可以在任何地方栽培。

（8）无土栽培所用的器皿比较轻便漂亮，不必用笨重的泥瓦盆，在室内外陈设美观大方。

## ❧ 无土栽培的几种方法

无土栽培可以根据不同的环境和条件，采取多种多样的方式，只要能向植物提供适宜的生长条件就行，最常用的有水培和基质培养两种方法。

## ◎ 水培

这种方法是使植物的根完全悬浮在营养液的基质中，将根颈以上的枝叶固定在一层惰性基质上，须注意要使营养液中有足够的溶氧量，并处在黑暗环境中。用这种方法需要置备一定的专用装置，因而家庭养花很少采用。

## ◎ 基质培养法

这种方法是将花卉栽培在各种清洁的基质中，如珍珠岩、蛭石、砾石、干净沙、锯木屑、炉渣、岩棉、泥炭等，可以根据各地的情况就地取材。有两种比较简单易制的无土栽培基质：

锯木屑培养基：用2/3的锯木屑和1/3的禽粪、饼肥碎屑混合堆积，再加些人尿粪和炉渣拌匀，加以封闭，待其充分发酵后即可用来培养花卉。

蛭石：用蛭石和发酵后的马粪，按4：1的比例混合拌匀，即可做培养基栽植花卉。若能再加入10%的草灰，则更加适合培育原生于南方的喜酸性土的花卉。

基质栽培需要定期施营养液，用以补充基质养分之不足。

# 花卉的繁殖方法

## ❧ 花卉繁殖方法分哪几类

不同种类和不同品种的花卉，各有其不同的繁殖方法和时期，大体上可分为下列几类。

## ◎ 有性繁殖

有性繁殖也称种子繁殖，即用种子

进行繁殖的方法。其优点是繁殖数量大，方法简便易行，苗木根系完整，生长健壮。其缺点是后代容易发生变异，失去母本的优良特性，出现退化。

## ◎ 无性繁殖

无性繁殖也称营养繁殖，是利用花卉植物的营养体，即根、茎、叶、芽的一部分进行繁殖而获得新植株的繁殖方法。通常包括分生、扦插、压条、嫁接等多种具体做法。其优点是能保持原品种的优良特性，生长快，开花结果早。缺点是寿命常不如种子繁殖的长，繁殖方法也不如种子繁殖那样简便易行。

## ◎ 孢子繁殖

孢子繁殖是只限于蕨类植物的一种繁殖方法，由蕨类植物的孢子体直接产生的，不经过两性结合，因此与种子的形成有本质上的不同。所以孢子繁殖又称单性繁殖。

## ◎ 组织培养繁殖

这种繁殖法是把花卉植物体的细胞、组织或器官的某一部分，在无菌的条件下接种到一定培养基上，从而得到新植株的繁殖方法。这种繁殖方法又称微体繁殖。

# ❀ 花卉的种子怎样采收与贮藏

花卉种子的收集最重要的是要掌握好花卉种子的成熟时期和成熟度，大多数花卉种子，必须等到其子粒充分饱满或成熟后才能采收，而且采收必须及时，以免阴雨霉烂或散落。种子成熟时，花瓣干枯，种粒坚实而有光泽。在同一植株上的种

子，要选开花早和成熟早的留种。其中以主干或主枝上的种子为好。如果发现花朵或颜色等有变异的，要单收单种。

采收种子的方法因花卉种类不同而异，有的可将整个花朵摘下，待风干后取种，如万寿菊、鸡冠花、一串红、美女樱等；有的可将果实采下，经揉搓洗去果肉，晒干后清出种子，

如朝天椒、冬珊瑚、金银茄等；有些花卉的种子成熟期不一致，且果皮容易崩裂散出种子，须在果实由绿变黄时，手摸种子感到其已离骨时，就应及时将种子收取，如长春花、三色堇、半支莲、凤仙花等。

不同花卉的种子，贮藏的方法也应有所不同，常用的贮藏方法有干藏、沙藏、水藏等几种。

## ○ 干藏

干藏适合于大多数花卉的种子，即将采收下的种子阴干，放进纸袋或布袋中，放置在室内通风、干燥、阴凉（温度在2～3℃）处保存，要求室温无变化。如家庭养花只有很少量的种子，可放置在冰箱中冷藏。

## ○ 沙藏

沙藏是将采收的种子，用潮湿的沙土混合埋盖起来，沙土的温度保持在1～3℃，这种贮藏法常用于休眠的种子，这样做可以促进种子发芽。这种贮藏方法又名层积贮藏法，特别适用于一些种皮较厚或有坚硬外壳的种子，如广玉兰、玉兰、含笑、寿星桃、五针松、蜡梅、石榴、芍药、牡丹等花的种子。用这种贮藏法，一般须在播种前1个月取出。

## ○ 水藏

这种贮藏方法多用于水生花卉的种子，水温宜保持在5℃左右。如荷花、王莲、睡莲等的种子，必须贮藏在水中，才能保持其发芽力。

不论哪种种子，在贮藏时都应注意：不可让太阳暴晒，应放置在低温、黑暗处，不可装在塑料袋内，不可放在潮湿和高温处，且要防避鼠害和虫害。

## 🌱 花卉播种常用哪几种方法

播种方法有撒播法、条播法和点播法三种：

## ○ 撒播法

这种方法比较适用于种子细小的花卉品种，如鸡冠花、金鱼草、瓜叶菊、长春花、翠菊、蒲包花、半支莲等。播种前，先要将土壤整细压平，并浇透水，经1～2小时后，再将种子均匀地撒在畦地或花盆中，播后，在上面覆盖一薄层细土，以不见种子为度。在播种极细

小的种子时，为了防止撒播不匀，可在种子中掺拌少量细土后再撒播，播后可用木板轻轻压一下，但不必覆土。畦播的，春季最好盖上塑料薄膜或苇帘，以保持床土湿润；盆播的，可在盆面盖上玻璃或报纸，以保温、保湿。必要时，可采取浸盆补水的方法，使盆土下部土壤潮润，尽量不从上面浇水，避免把种子冲移原位，集结在一起，破坏均匀性。待幼苗出土后，逐渐撤去玻璃或报纸等覆盖物。

### ○ 条播法

先在苗床或盆土上间隔一定距离开出浅沟，然后将种子播入沟内，盖上土并稍压使其土面平整，浇水方法和撒播法相同。条播法大多用于不宜移植的直根性花卉，或露地秋播花卉，如凤仙花、牵牛花、虞美人、麦杆菊、鸢萝等。

### ○ 点播法

此法适宜于种子颗粒较大、发芽力强的花木，如梅花、香豌豆、紫茉莉、旱金莲、君子兰等，可以一粒粒地进行点播，采用此法可以节省种子。覆土厚度一般相当于种子直径的2～3倍。

不论采用哪种播种方法，播后都应注意保持其适当的湿度和给予有新鲜空气的环境。种子发芽后，要适当减少浇水量，逐渐增加光照，幼苗生长过密的应及时间苗，保持通气透光。在幼苗长到2～3片真叶时，就应开始分植，耐移植的花卉可再移1～2次，如翠菊、一串红、凤仙花等，然后进行定植。对不宜移植的如香豌豆、虞美人等花卉，最好采用营养钵育苗或采用直播法。

## ❀ 无性繁殖有哪几种方法

在花卉中有很多品种由于收不起种子和其他原因，不能采用种子繁殖（有性繁殖）。比如，有些花卉因雌雄蕊退化不能结实；有些花卉虽能生长开花，但因限于地区条件，种子不能成熟；有些花卉用播种的办法繁殖需要的时间太长；有些优良的花卉品种用播种繁殖容易使品质变劣等，这时只能采用无性繁殖。无性繁殖有分株、压条、扦插、嫁接等几种方法。

### ○ 分株法

分株法就是将丛生的植株分割开来，成为各自单独生长的新植株。这种方法不

仅操作简便，还能保持母株的优良性状，
且具有相当发达的根系、容易成活、生长
快的优点，是家庭养花经常采用的繁殖方
法之一。

这种繁殖方法最适用于灌木和宿根
草本花卉的繁殖。分株的时间可根据花
卉的品种而定，春季开花的花卉在秋季
10～11月分株，秋季开花的花卉则在春
季3～4月进行分株。分株的方法有两
种：一种是将母株从盆中或地下挖出，去掉部分宿土，使根系裸露，看准分割部
位，使分株的株条连同根系分割开来（球根花卉则分割母株所形成的新球根），不
可损伤母株。另一种是不把母株挖起，只从旁边切取母株上的一部分带有完整根系
的植株，单独移栽。

## ☉ 压条法

压条繁殖是把花卉植株的枝条压入土中，或用泥土包裹，生根后再进行切断，
使之与母株分离，形成独立的新植株。此法常用于一些扦插不易生根的花木。由于
此法可使枝条在萌发新根的过程中得到母株的营养供给，成活率较高。压条繁殖有
如下几种做法：

单枝压条法：这种压条法是选靠近地面的枝条，将其弯曲到地下，埋入土内一
截，让枝梢仍露于地面，并将埋入土中枝条的下端割开一个伤口，不久，伤口部分
即可萌生新根。

壅土压条法：此法用于丛
生性花卉。初春时，将靠近地
面的枝条割一伤口，然后将土
堆高盖住伤口，并将土压实，
经20～30天后即可生出新根。

连续压条法：这种压条法
较适用于枝条细长的花卉，如
金银花和易生徒长枝的茉莉花
等，此法可使一根枝条同时繁
殖出几棵新株。

高枝压条法：此法适用于枝条粗硬、无法弯到地面的植株。做法是先选好适于生根的部位，用刀将枝条切割去一圈皮，用塑料布包裹青苔和湿土，将割去皮的部分包裹好并扎缚牢实，经常浇水使塑料布内的土壤保持湿润，生根后即可与母株分离后单栽。如茶花、米兰、杜鹃等都可用此法繁殖。

## ◎扦插法

扦插的方法有枝插、叶插、叶芽插、根插等几种，其中以枝插繁殖速度为最快，效果最好。

枝插：采用此法的盆土一般以使用素沙土为好。扦插时，先取当年生的强壮枝条，用其梢部或中部作为插条。草本花卉插条的长度为12～14厘米，木本花卉插条的长度以10～20厘米为适宜，插入土中的深度为插条的1/3～1/2。插时，将插条剪去两头，中间留3～4个芽，最下面一个芽即为以后生根处。如月季、玻璃翠、竹节、木槿、秋海棠等都适于枝插。

叶插：以叶插秋海棠为例，先在剪取的毛叶秋海棠叶片背面的叶脉上切一些横口，以促进其产生愈合组织后生根。再将叶柄直插在土中，将叶片平铺在沙面上，盖上一块小于叶片的玻璃片，使叶片紧贴沙面，过一段时间揭去玻璃片，不久叶片即可生根。

叶插法多用于秋海棠、大岩桐等叶片有再生能力的花卉，大岩桐则将叶柄斜插入湿沙中，让土壤和空气保持较高的湿度，但叶片不可沾水。有些花卉如橡皮树，其叶柄和叶脉可长出不定根，需选基部带有1个芽的叶进行扦插，才能形成新株，所以又叫作叶芽插。

根插：根插常选用靠近母株根茎部中等粗细的支根6～9厘米做插穗。插时必须注意：小头为下端，与土持平，等新芽长出时再加些土。适宜根插的花卉如蔷薇、紫藤、凌霄等。

扦插每年可进行2次，一次在2～4月，一次在10月。有些花卉如秋海棠、天竺葵等，则四季皆可扦插。根插多以干插为主，插好后要充分浇水，每天1次。也有一些草本花卉，因容易折断，应湿插。遇有大雨，要用塑料膜遮盖扦插盆或扦插床，以免积水使插条腐烂。

### ○嫁接法

嫁接法是把所需植物的一部分器官（枝条或芽，称为接穗）接在另一株植物上（称为砧木），并使之愈合成新植株的繁殖方法。接穗一般选优良品种，砧木一般是用野生种或实生苗，它根系发达，生长健壮，优良品种嫁接上去后能使植株生长旺盛。嫁接又有枝接、平接、芽接、靠接4种方法。

室内装饰花卉中，除仙人掌类采用平接法进行嫁接繁殖外（平接就是将接穗基部和砧木顶端均削成光滑平面，相互按紧，用线绑扎固定。砧木与接穗切口最好大小差不多，中心点要吻合对正），其他花卉很少采用平接法进行繁殖。

# 花卉病虫害防治

引起花卉发生病害有多种原因，但大体上分两大类：一类是由于不适应外部环境条件，称为非侵染性病原，这类病是由于栽培环境不良，如水分过多或不足、光照过强或过弱、温度过高或过低、肥料过多或过少、营养不足或失调以及烟尘、有害气体污染等引起的，也叫生理病害。这类病害影响花卉生长发育，但不传染。另一类是受到生物侵染引起的，称为侵染性病原，如真菌、细菌、病毒等侵害植物体，其中以真菌感染的病害最为常见。这类病害在适当的环境条件下，能够迅速蔓延传染。

## ❧ 花卉生理病害的表现及处理方法

（1）枝条纤细，节间较长，叶片色淡质薄而瘦弱。这是光照不足所致，应增加日照时间，若因天气阴雨时间过长，可人工为其增加光照时间，即用灯光给予照射。

（2）植株下部叶片卷曲，枝叶生长缓慢，叶片出现焦边现象。这是因光照过多所致，应注意适当遮阳，若系盆花，可移至荫棚下养护一段时间。

（3）叶片萎缩，植株下部叶片脱落，叶尖呈黄褐色。这是由于缺水所致，每次浇水要充足，不可浇半截水，要依照"不干不浇，浇则浇透"的原则浇水。

（4）枝叶萎蔫，叶色变暗且逐渐霉烂。这是浇水过多所致，应控制浇水次数和浇水量，要检查盆底排水孔是否堵塞，保证其排水通畅。

（5）叶片卷皱，呈黄褐色。这是湿度不足所致，应多向植株叶面喷水，并经常向盆花四周地面喷水，以增加环境空气湿度。

（6）叶片发黄、卷曲、枯萎。这是温度过高所致，应将盆花移至阴凉通风处养护，并向植株及其周围经常喷水、洒水，以降低温度。

（7）叶片及枝茎徒长，植株孕蕾少，不开花，且瓦盆内出现青苔。这是氮肥使用过多所致，应减少施肥次数和分量，减施氮肥，多施磷钾肥。

（8）整个植株各部分生长缓慢，呈停滞状态，植株下部叶片下垂，叶色浅淡。这是缺乏肥料所致，应在生长季节增加施肥次数和施肥量。

（9）叶片出现黄褐色斑点。这是受日光灼伤所致，应立即注意遮阳，或将花盆移至半阴处养护，避免被阳光直晒。

（10）盆土表层和花盆边沿出现白色结晶体，植株叶片萎缩、腐烂、脱落。这是施化肥过量所致，应先浇水，将白色晶体溶化，过1小时后再次多量浇水，以淡化土壤内的化肥。

（11）在越冬时期，植株的叶片出现白色或淡黄色斑点。这是叶片滴上了冰凉的水珠所致，可向叶片喷些略高于室温的清水。

（12）盆内布满外露须根，盆底排水孔也有须根钻出，叶片易萎缩，新叶少而且小。这是多年未换盆或花盆过小所致，应在春季换上较大的花盆和较多的新土壤，并在盆底施些基肥，修剪去部分多余的须根。

## 花卉常见真菌性病害

真菌性病害种类繁多，它属于病害中最主要的一类，真菌极为细小，它不能自造养分，以菌丝体为营养体，以孢子体进行繁殖，常以菌丝体在花卉体内吸收养料。它有多种传播途径，它的孢子可以借助风、雨和昆虫四处传播。常见的花卉真菌性病害种类有如下几种：

### ○ 白粉病

病菌附生在花卉的芽蕾、嫩叶、嫩芽和花梗上，发病初期常在受害部位出现褪绿斑点，以后逐渐变成白色粉斑，像覆盖着一层白色粉末，后期则变成灰色。被害叶和梢卷曲萎缩、畸形，花蕾不能正常开放，病菌孢子能随气流传播蔓延。昼夜温差在10℃时最易大面积发生，而在温室最易蔓延。常可在凤仙花、月季、瓜叶菊、梅花、倒挂金钟、大丽花上发生此病。

### ○ 黑斑病

此病也是花卉常见病害之一，病菌在土壤中潜伏，常随雨水溅落侵入花卉下部叶片，迅速向上蔓延。被害叶片出现黑色斑点，逐渐扩大成圆形、椭圆形，连接成片，病叶萎黄、脱落，通常7～8月梅雨季节发病最多，对花卉生长影响很大，常见受危害的花卉有玫瑰、月季、菊花、梅花、牡丹、杜鹃、白兰、天竺葵、美人蕉等。

## ◌ 炭疽病

此病主要危害叶片，也可危害幼嫩茎梢、花蕾等部位。该病症状主要表现为，一种是在叶片等处长出淡褐色或灰色而边缘呈紫褐色或暗褐色的圆形斑点，严重时可使大半叶片枯黑而死亡。还有一种是茎上产生圆形或近圆形轮纹状的病斑，呈淡褐色或灰白色，其上生黑色小点。在梅雨季节时，仙人掌类植物最易感染上，也常危害梅花、茶花、君子兰、八仙花、橡皮树、兰花、仙客来、万年青等花卉。

## ◌ 煤烟病

此病危害多种花木的枝叶和果实，病原为多种真菌，多以介壳虫和蚜虫为传播媒介。染病初期，叶表面出现暗褐色霉斑，逐渐扩大形成黑色煤烟状霉层，使植株不能进行光合作用和制造养分而枯萎死亡。

## ◌ 幼苗立枯病

此病系由丝核菌、腐霉菌、镰刀菌引起的幼苗病害，表现症状为腐烂、猝倒、立枯等，以幼苗出土20天左右受害最多。常见受害花卉幼苗有海棠、百合、唐菖蒲、香石竹等。

## ◌ 灰霉病

此病主要危害花卉的茎、叶、花和果实，刚发病时出现水渍状斑点，以后逐渐扩大，变成褐色或紫褐色病斑，天气潮湿时，病斑上可长出灰色茸毛状物，发病严重时可使全株死亡。

## ◌ 锈病

此病主要危害叶、茎和嫩芽，被感染的叶片两面都出现橘红色疱状突起，破裂后有橘红色粉末散出，即为锈病的夏孢子，会对植物多次重复侵染。深秋和初冬时散出的为冬孢子，呈栗褐色，到春天侵害叶、芽时再现病斑。此病对香石竹及蔷薇科花卉危害最为常见。

## 常见主要虫害及防治

危害花卉的有害动物种类很多，除绝大部分是昆虫之外，还有螨类和软体动物。按照其危害方式和危害部位，可分为刺吸害虫、食叶害虫、蛀干害虫和地下害虫4大类。

### 蚜虫

俗称腻虫、蜜虫，体微小柔软，多群集在花卉的嫩叶、嫩茎及花蕾上刺吸花卉汁液，引起叶片变黄、皱缩、卷曲，形成虫瘿等，严重时造成枝叶枯萎，甚至全株死亡。

防治方法：方法一，盆栽花卉可将盆花斜放在自来水下冲洗，此法不仅可除虫，又可达到清洁叶片的目的。方法二，喷洗衣粉。取中性洗衣粉10克，加水稀释500~600倍喷雾，可防治蚜虫、红蜘蛛、白粉虱、介壳虫，但喷洒时须喷洒叶片的正反两面。方法三，喷烟草液。用50克烟草浸泡在200克水中，经一昼夜后，将其反复揉搓过滤后即可使用。如果只养几盆花卉，也可用香烟头10个左右，用开水浸泡1天，加入冷水500毫升，过滤后再加入1克中性洗衣粉混匀喷洒，也可防治前述4种害虫。方法四，喷辣椒水。将辣椒捣烂后加水煮沸，然后加10多倍水过滤后喷洒。

### 红蜘蛛

俗名火龙，是节肢动物门蛛形纲的一类小动物，个体很小，形如蜘蛛，卵圆形，橘黄或红褐色，一般肉眼难以发现。此虫在高温干燥季节危害严重。其成虫、若虫用口器刺入叶内吸吮寄主汁液，被害叶片叶绿素遭到破坏，叶面上出现密集的细小的灰黄色小点或斑块，严重时叶片枯黄脱落，

植株死亡。此虫常危害梅花、茉莉、鸡冠花、金橘、扶桑、石榴、月季、菊花、一串红等花卉。

防治方法：与蚜虫基本相同。盆栽后平时注意观察，发现个别叶片有红蜘蛛危害时，及时摘除受害叶片或用水轻轻冲洗。虫口数量多时，可及时用艾美乐2000倍液或80%敌敌畏乳油2000倍液喷雾。

## ○ 介壳虫

又名介虫，俗名花虱子，此虫种类较多，分布广，是花木上最常见的主要害虫。它体长5~6毫米，躯体外包有白色介壳，其数量极多，常固定在花卉的叶、茎、花蕾等表面，用口器吮吸花卉的汁液，同时还能排出糖质黏液，导致很多种病害如煤烟病等，严重时导致植株死亡。此虫危害的花木达100种左右，因其外表有介壳，一般药剂很难渗入虫体，耐药性强，防治较为困难。

防治方法：须采取综合防治。方法一，加强植物检疫，凡是引进或输出的苗木、种子、接穗、果实、球根等繁殖材料，都必须实行严格检疫，发现有介壳虫时，立即采取有效措施加以消灭。方法二，人工防治。结合花木修剪，剪除虫枝、虫叶加以集中销毁。发生的数量不多时，可用毛刷、竹片等物人工刷（刮）除。方法三，药物防治。初龄若虫期，可喷洒25%亚胺硫磷或50%敌敌畏或50%杀螟松1000倍液，每隔7~10天喷1次，连续喷3~4次，须喷得均匀、周到。方法四，注意保护和利用天敌。在大红瓢虫、澳洲瓢虫、黄金蚜小蜂等类益虫大量集聚处尽量避免施用农药，减少对天敌的伤害。

# 第二章

# 我家五彩斑斓
# 的观叶植物

# 文竹

 别名 云片竹、刺天等

**环境喜好：** 性喜温暖、湿润和半阴环境。不耐寒，怕强光暴晒和干旱，忌积水。

**适宜土壤：** 适宜生长在疏松、肥沃和排水良好的沙质壤土中。

**适宜温度：** 生长适温20～30℃。

## 栽培管理

文竹浇水过多，盆土过湿，容易引起根部腐烂、叶黄脱落；浇水过少，盆土太干，则容易导致叶尖发黄、叶片脱落。所以，平时的浇水量和浇水次数，要视天气、长势和盆土情况而定，做到"不干不浇，浇则浇透"，不能浇"半腰水"，即浇水只湿润表土，下面土壤仍干燥。天气炎热干燥时，还要用水喷洒叶面。冬季入室后要减少浇水，室温保持在5℃以上可安全过冬。文竹生长期，可每半月施1次腐熟的稀薄液肥，植株定型后要适当控制施肥，以免徒长。盆栽文竹，每年最好换1次盆，宜在春季进行。文竹怕烟尘，放置地点要通风，一般很少有病虫害。

## ❤ 繁殖方法（播种、分株）

文竹可用播种和分株方法繁殖，但多用播种法繁殖，因用分株法繁殖的文竹株形不如用种子繁殖的美观。

播种前先搓去浆果外皮，取出种子，在温室内播于浅盆中。盆土可用4份细炉渣、3份壤土、2份粪土、1份河泥混合配制。种子播下后，覆土不要太厚，浇透水，室温保持在15～20℃，每天喷1～2次水，使盆土保持湿润，1个月左右可发芽。苗高5厘米左右时移栽上盆。

分株繁殖宜在春季进行。将文竹植株带土从原盆中倒出，用刀将根部分割开，使每株具有3～5个丛生枝，尽量保存根上原土，然后分别移栽于备用的花盆中，浇透水，放置于遮阳处，7～10天内忌晒太阳，以利成活。

### 文竹枝叶变黄怎么办？

盆栽文竹如养护不当，常会出现枝叶发黄现象。现将引起文竹枝叶变黄的原因及防治办法归纳如下。

（1）**光照过强**　文竹喜半阴半阳环境，忌强光直晒，所以要给文竹遮阳。

（2）**浇水不当**　文竹喜湿润但怕涝，故宜选用透气渗水的沙质壤土栽培。浇水要适当，天气炎热干燥时，要每天向枝叶喷清水，以增加环境湿度，补偿枝叶的水分蒸发。

（3）**养分不足**　盆栽文竹，若多年不换盆，会造成土壤养分不足。若平时只浇清水不浇肥，也会造成营养不足。盆栽文竹，应每半个月浇1次稀薄的腐熟液肥，并及时浇水和松土。

（4）**施肥不当**　如施用过浓或非腐熟肥料会伤根，使叶变黄脱落。此时应采取用水冲洗盆土，稀释肥液浓度，或立即换土的办法来挽救。

（5）**冬管不善**　文竹喜温暖，畏寒，冬季应放置于室内向阳温暖处，室温保持在8～12℃。长期背阴，室温处于8℃以下，会导致枝叶变黄。

# 虎耳草

**别名** 金丝荷叶、金线吊芙蓉、狮子耳、铜钱草等

**环境喜好：** 性喜凉爽、湿润和半阴环境。不耐高温和干旱，怕强光暴晒，生长期要求空气湿度高。

**适宜土壤：** 适宜生长在疏松、肥沃和排水良好的沙质壤土中。

**适宜温度：** 生长适温20～28℃。

## 栽培管理

虎耳草地栽只要环境适宜，则无需管理。盆栽可用腐叶土与河沙各半混合做基质，每盆栽苗3株。虎耳草栽好后放阴湿环境下莳养，向阳处也可以，但要常向植株周围喷水，以增加湿度。平时要经常保持盆土湿润，每月施1次氮肥就能满足其生长需要。如栽在无排水孔的盆中，则无浇水之忧，而且因湿度大，可长得较好。

## 繁殖方法（扦插、分株）

虎耳草常用分株和扦插繁殖。分株除夏、秋初炎热季节外，均可进行。将已生根的匍匐茎茎段或顶端的小株剪下，可直接栽于盆土中，栽种深度以最下部叶片基部与土面持平为宜，很容易成活。扦插的季节在春末或初夏，随便折下1朵小草或剪取带3～4片的茎蔓，有根无根均可，直接栽入盛培养土的盆中，浇透水后，适当遮阳，喷水保持较高的空气湿度，2～3周即能见到小苗叶片增大，金丝吊出，萌发小草。

### 虎耳草为什么会黄叶？

虎耳草若管理不善，会出现黄叶现象，生长不良。出现叶片发黄的主要原因应从其习性中去寻找，虎耳草最突出的特性是害怕干旱。因此，第一，不可忽视浇水，保持盆土湿润，防止盆土干燥，使花草免受干旱致叶片萎黄；第二，在夏季天气炎热干燥时，要经常向叶面和周围地面喷水，使周围空气保持较高的湿度；第三，要注意避免强光直晒，特别是在夏天，应将花盆放置在荫棚下养护，让其接受一些散射的光照；第四，在虎耳草生长的旺季，即5～9月这段时间，要每隔20天左右浇1次腐熟的稀薄饼肥水；第五，虎耳草虽然较耐寒，但不耐长时间低温，冬季放置在室内时，室温宜保持在6℃以上，不要低于5℃，以免受到冻害。

## 含羞草

别名：感应草、喝呼草、望江南、
羞草、怕羞草、知羞草等

**环境喜好**：喜温暖、湿润和阳光充足的环境。喜高温、多湿，较耐旱，
亦耐水湿，忌遮阳。

**适宜土壤**：对土壤要求不严，但在排水良好、富含有机质的沙质壤土中
生长更佳。

**适宜温度**：生长适温20～30℃。

## 🌱 栽培管理

含羞草盆栽可用园土、腐叶土、沙以5：3：2的比例进行配制的培养土。在植株生长期间，要求光照充足，莳养无特殊要求。当植株达到一定高度后要适当控水，以抑制高度。每隔15天左右浇施腐熟稀薄液肥（共3～4次）即可。需要注意的是，肥料不宜过多，勿使徒长，因为含羞草主要为趣味性观叶花卉，以小型为好。作为盆栽观赏时，冬季来临前要将盆株搬入室内向阳处，保持10℃以上的室温可安全越冬。

## 🌱 繁殖方法（播种）

含羞草繁殖和栽植都比较容易，一般用播种法繁殖。

播种常年皆可进行，但以早春2月在室内盆播最好。含羞草种子成熟较晚，为了采收种子，必须早春提前播种，以便种子能在早霜来临前成熟。为促使提早发芽，播前宜用30℃的温水浸种1天后再播，播后将盆放置在15～20℃的环境中，10天左右即可出苗。小苗长至5～6厘米高时分栽（带土球），长至10厘米时再定植于较大些的盆中。

### 含羞草为什么冬天不"含羞"？

含羞草以其具有特殊的生理机制和整齐美丽的羽状复叶而受到人们特别是年轻人的喜爱。许多人在知道了它的特性后，都要去亲自观赏试验一番，有的还要特意买一小盆回家继续观赏。但是，它的"含羞"还是有时间性的，一到了冬季，它对外界刺激的反应也变得迟钝了，最后是完全丧失了，这是怎么回事呢？

由于冬季天气寒冷，含羞草受低温的刺激，细胞质的透性减弱，对外界刺激反应变得迟钝，气温越低，就对外界刺激的敏感性越差，所以冬季严寒时，含羞草的特性就显不出来了，反应变得迟钝了。

## 紫鸭跖草

别名 紫锦草、紫竹梅、紫露草、紫叶草、紫罗兰等

**环境喜好**：喜温暖、湿润和阳光充足的环境。耐旱也耐湿，耐半阴，不耐寒。

**适宜土壤**：对土壤要求不严，但在疏松、肥沃、保水和保肥力强的土壤中生长更佳。

**适宜温度**：生长适温20~30℃。

## 🌱 栽培管理

紫鸭跖草在盆栽时宜用白色、蓝色或其他浅色的花盆，每盆栽苗5～7株。盆土用园土与泥炭土或锯末屑各半的混合基质。生长期内，除盛夏6～9月中午前后要适当遮阳外，其他季节均应给予充足的光照，长时间过于荫蔽，色彩就会暗淡，且节间变长，枝蔓不挺，缺乏生机。另外，肥多也会引起徒长，每月施1～2次稀薄饼肥水即可。浇水要做到不干不浇。夏季天气干燥时，要向植株喷水增大湿度则更有生机。冬季来临前将盆株搬入室内向阳处，保持盆土稍湿润即可，如室温保持在5℃以上，则仍具较好的观赏效果。

## 🌱 繁殖方法（扦插）

紫鸭跖草的茎节处易生不定根。繁殖时，只要截取枝条扦插在盆土中即可成活。尤其在梅雨季节，可将3～5个枝条直接扦插在盆土中，极易成活。也可在生长季节截取枝条插入盛水的容器或花瓶中，皆易成活。

**🔖 紫鸭跖草的紫红色不鲜艳怎么办？**

紫鸭跖草叶片亮丽，终年不变，为很难得的观叶植物。它虽说栽培容易，管理也较简单，但有时会出现叶色不艳的情况，解决的办法是：最好在春、秋季将盆株

悬挂在既能接受光照且中午前后又不受阳光直晒的地方，并经常喷水增加空气湿度，这样可使叶色紫红、鲜艳、有生机。另外，肥料不宜施得过多、过浓，肥施多了，会引起枝叶徒长，不利于开花，一般每月施1～2次稀薄饼肥水即可。3～4月间，可施2～3次以磷钾肥为主的稀释液，以促使花色鲜艳，改变以往花色暗淡的情况。

# 朱蕉

别名 红竹、红叶铁树、千年木、米竹等

**环境喜好：** 性喜温暖、湿润和阳光充足的环境。不耐寒，怕积水，耐半阴，忌烈日暴晒。

**适宜土壤：** 适宜生长在疏松、肥沃和排水良好的中性或微酸性沙质壤土中。

**适宜温度：** 生长适温18～22℃。

## ❦ 栽培管理

　　朱蕉栽培比较容易，盆土用腐叶土2份与沙土或锯木屑1份配制，使之呈微酸性。朱蕉喜光，在光照充足且多湿的条件下生长旺盛，但夏季光照太强，不利于朱蕉生长，叶片易老化、色暗，应注意遮阳。生长季节除浇水保持土壤湿润外，每半月应施肥1次。天气干燥时，应向叶面喷水增湿。冬季应放室内光照充足处，减少浇水，宜干不宜湿。若在通风不良环境下，植株易生介壳虫，要注意防治。冬季时，在5℃左右的环境里可以生长良好，但不适应于20℃以上气温，在气温超过20℃且空气干燥的条件下，容易落花凋叶，长势大减。一般很少有病虫害。

## 繁殖方法（播种、扦插、压条）

朱蕉繁殖以扦插法为主，6～10月均可进行。将下部叶脱落的老株切成长5厘米左右的段，待切口稍干后，插于沙土或蛭石中，也可横埋在基质中，稍覆土，保持25℃左右和一定湿度，3周即可生根发出新株。也可用高压法和播种法进行繁殖。

**朱蕉的叶片干缩焦黄怎么办？**

防止朱蕉叶片干缩焦黄可采取下面几项措施：

（1）**保持空气湿润**　朱蕉喜好湿润环境，不耐干旱。因此，给予空气湿润的环境是养好朱蕉的关键。要经常用清水喷洒叶面及其周围地面，尤其夏季炎热干燥时，每天应喷水2～3次，保持高湿环境，这样不仅能防止其叶片干缩，而且使朱蕉能正常顺利生长。

（2）**防止烈日直晒**　在夏季阳光强烈时期，应该采取措施给予遮阳，若为盆栽，应将其移至凉棚内给予半阴环境，才能符合它对环境条件的要求。

（3）**给予适宜温度**　朱蕉的生长适温为18～22℃，温度过高过低都会使其受伤害，因此在炎热的夏季应将它放置在通风良好的阴凉处养护；深秋当气温下降至10℃左右时，就应将其移至室内防寒，保证其安全越冬。

（4）**给予适宜的土壤**　朱蕉喜排水良好、疏松的酸性沙质壤土，若在北方栽植，因北方土壤大多偏于碱性，故应设法适当改变其酸碱度，可每隔10～15天浇1次硫酸亚铁500倍的稀释液，以使土壤增加酸性，适应朱蕉的要求。

（5）**掌握宁湿勿干的原则**　在朱蕉的栽培中，虽不可浇水过多，但更要注意的是朱蕉怕干旱，若盆土过干，就会使叶片干缩脱落，植株变得光秃秃的而难以挽回。所以必须保证盆土湿润，宁可湿些，也不能过干。

（6）**不可长期过阴**　朱蕉若长期放在室内陈设，就会使老株茎杆基部老叶全部脱落，十分难看。若出现此种情况，必须对主茎杆进行短截去顶，以阻止主茎杆继续生长，并使侧芽萌发生长，使其成为株形正常的植株。

# 天门冬

别名 天门草、非洲天门冬、天冬玉竹、天冬草等

**环境喜好：** 喜温暖、湿润和半阴环境。不耐高温，怕强光暴晒，耐干旱，较耐寒。

**适宜土壤：** 适宜生长在疏松、肥沃和排水良好的沙质壤土中。

**适宜温度：** 生长适温16～28℃。

## 🌱 栽培管理

家庭盆栽可选用直径25厘米左右的高脚深盆。盆土用腐叶土、园土、沙以4：3：3的比例进行配制的培养土。生长期保持盆土湿润，待盆土干了以后再浇透水。盛夏要经常向株丛喷水。秋季气温下降，逐渐减少浇水。在5～8月的旺盛生长期中，可每隔半月施浇1次腐熟的蹄骨水或豆饼肥水，在这几个月中，若能每月追施1次尿素等无机肥，则长势会更旺盛，每盆用量为1～2克，不可过多。每2年换盆1次，剪除部分老根、过密株和长枝，使株形匀称优美。

夏天放置在半阴处莳养，春、秋季可摆放在客厅、窗台等光照好的位置。

过冬室温保持在5℃以上，摆在窗前让它多接受阳光，则叶色鲜亮。

生长介壳虫和叶螨时有危害。过分干燥易引发虫害，夏季多淋水预防。

## 繁殖方法（播种、分株）

天门冬常采用播种和分株繁殖。播种繁殖多在秋季或早春采用室内盆播。播前先将种子用清水浸泡1天，播种时覆土不宜过深，播后保持盆土湿润，发芽适温16~18℃，约15~20天即出苗。苗高8厘米左右移植上盆。

分株繁殖一般于春季结合换盆进行。将植株从盆中磕出，视植株大小切开株丛，剪去萎缩的老根，进行分栽。切割时注意少伤茎皮和根系。

### 天门冬茎叶为什么容易萎黄？

天门冬在栽培过程中往往容易发生茎叶萎黄现象，出现这一现象的原因是：

（1）养分不足　天门冬日渐长大后，根须充满盆内，若忽视了换盆，则盆土内的养分就会严重缺乏，致使叶片发黄。遇此情况，要施腐熟的液肥，使植株获得充足养分。

（2）施肥不当　在植株进入生长期后，若施用了未经腐熟的生肥，就容易造成烧根，引起焦枝枯叶，因此应每隔10天至半个月施1次稀薄饼肥水，不可过浓，否则也易引起枯叶。

（3）光照过强　进入夏季后，若不注意遮阳，让强烈的日光直晒，对植株特别是幼株，极易造成叶片枯黄，应将花盆移到半阴处养护。

（4）光线不足　天门冬虽然不耐强烈日光直晒，但也不能过分缺乏光照。若该植物被长期放置室内用来装饰陈设，见不到散射光，则茎叶也会萎黄。为使其生长健壮，除夏季需要适当遮阳，将其放在半阴处外，春、秋、冬季都应在晴好天气将其搬到室外去，适当受些光照。

# 彩叶草

别名 洋紫苏、五彩苏、锦紫苏、五色草等

**环境喜好**：性喜温暖、湿润和阳光充足的环境。不耐寒，不耐阴，忌积水，也不耐旱。

**适宜土壤**：适宜生长在富含腐殖质、疏松和排水良好的微酸性沙质壤土中。

**适宜温度**：生长适温20～30℃。

## 栽培管理

要使彩叶草长得健壮，生出美艳多彩、光亮夺目的叶片来，有几项管理措施必须要做到：

（1）在植株长至6～8片叶时，要进行摘心。

（2）到7月份苗较大时，要再换1次盆，盆土可用园土、腐叶土、沙以5：3：2的比例进行配制的培养土，在盆底放少量有机肥和骨粉做基肥。

（3）生长期间必须还要摘心几次，以促进分枝，使株形丰满美观。但对留种的母株，要减少摘心次数，让其在入冬前完成开花结实过程。每次摘心后都要施1次稀薄饼肥水或腐熟的人尿粪肥液。必要时，可用0.1%尿素进行叶面喷施。整个生长季节要保持土壤偏干一些，不使枝叶徒长。

（4）摘心成形后追施1~2次1000倍的磷酸二氢钾液。入秋后勤施氮肥，可用0.1%尿素进行叶面喷施。

（5）不能忘记彩叶草是偏爱阳光的植物，只有光照充足，它才能生长健壮。所以，在整个栽培过程中，除了炎热的夏季不能让烈日暴晒之外，其他春、秋、冬三季，要让它接受阳光。

## 繁殖方法（扦插、播种）

彩叶草繁殖常用扦插和播种两种方法。扦插在生长季节选取不太老的枝条2~3节，插于松土或蛭石中，1周即可生根。播种通常在3~4月进行，播后1周左右出苗。当小苗长到2~4片叶时，就需移植1次。移植时用竹签将小苗连根掘起，移植到盆中，其密度以叶片相互不接触为度；小苗长至6~8片叶时，再移植到口径10厘米的小盆中，并保留2~4片叶摘心，盆土可用腐叶土2份、园土和沙土各1份混合配制。到7月份苗较大时，再换1次盆，盆底应加入少量豆饼做基肥。生长期还要摘心若干次，以促进分枝，使株形丰满，以适应观赏的要求。对于留种母株，要减少摘心次数，让其在入冬前完成开花结实过程。留种应选择叶色鲜艳的植株，并要将其进行隔离，以防杂交退化。

### ❓彩叶草叶色变绿怎么办？

彩叶草是性喜光照的植物，生长期对光照要求较高，在散射光照的条件下，叶片上的花纹易变淡，在光照过弱时，叶色即会变淡变绿，同时节间变长，植株也变得瘦弱，失去观赏价值。另外，在氮肥施用过多的情况下，也容易出现叶色变淡变绿的现象。发现彩叶草叶色变淡或变绿，只要将盆株移至光照充足之处莳养一段时间，并适当增施磷钾肥，其叶色就会逐渐恢复至叶美色艳，色彩斑斓而具观赏价值。

## 花叶艳山姜

**别名** 斑纹月桃、熊竹兰、花叶良姜、彩叶姜等

**环境喜好：** 喜高温、高湿和阳光充足的环境。耐半阴，不耐寒，不耐干旱和水涝。

**适宜土壤：** 适宜生长在肥沃、疏松和排水良好的沙质壤土中。

**适宜温度：** 生长适温15～30℃。

## ❦ 栽培管理

花叶艳山姜盆栽可用园土、腐叶土等量混合的培养土，并在栽植前加少量基肥。

要让花叶艳山姜终年保持叶色鲜艳，需抓好浇水、日照和施肥3项工作。

（1）浇水　春、夏、秋3季时视其生长季节性，浇水要见干见湿，经常保持盆土湿润，切勿过分干燥。同时应注意增加空气湿度，每天向其叶面四周喷雾数次，如空气湿度不够，其叶片表面易老化变暗，使其观赏价值降低。冬季气温较低，生长停滞，应保持盆土相对干燥，以利越冬。

（2）日照　花叶艳山姜喜充足的光照，尤其是新叶刚刚长出时，充足的光照可使其叶片上的斑纹更明显，而且可以降低其高度，光照不足时，新叶容易蹿高，使株形涣散。若盆栽是为了室内摆设，应将盆株放置在早晚有光照的地方莳养。除盛夏时应给予遮阳、不可烈日直晒外，其他时间要让其多接受光照。

（3）施肥　花叶艳山姜喜肥，但盆栽时只要施少量基肥，在生长季节为防止植株过于高大，可以不施追肥。 如果栽植时盆土中未加入基肥，应每月施1~2次磷钾肥比例稍多一些的液肥。如发现叶色发黄，可叶面喷施1000倍尿素1~2次，很快即可恢复。

## ❦ 繁殖方法（分株）

常用分株法繁殖。由于花叶艳山姜生长较快，植株分蘖力强，经1年生长，即可长出多数分蘖，可结合换盆进行分株。采用此法，既方便，又成活率高。

## 花叶万年青

别名 黛粉叶、白黛粉叶、六年青、斑叶万年青等

**环境喜好：** 性喜温暖、湿润和半阴的环境。不耐寒，怕干和强光。

**适宜土壤：** 适宜生长在疏松、肥沃和保水透气性好的微酸性腐叶土中。

**适宜温度：** 生长适温 20～30℃。

## ❦ 栽培管理

家庭盆栽，通常用腐叶土、泥炭土，加少量河沙和饼屑、干粪屑做基质，这样制成的盆土，既疏松又有透气性，很适合花叶万年青的生长需要。

花叶万年青喜半阴环境，生长适温为25℃左右。春、夏、秋3季宜放在半阴处莳养，春、秋季节除早晚可见阳光外，中午前后及夏季都要遮阳，严格防止阳光直晒，冬季可放在光线较强的窗前养护。花叶万年青生长期应保持40%~60%的透光率，若长时间光照太弱，会导致叶片褪色。

生长旺季要保持盆土湿润和较高的空气湿度，以保证茎叶生长的需要。除正常浇水外，应经常向叶面喷雾洒水。需要注意的是不能浇水过多，以免盆土积水，造成植株根茎腐烂，浇水要见干见湿。冬季气温较低时，要使盆土偏干。

生长季节，每15天左右施1次稀薄液肥，入秋后可增施2次磷钾肥。要注意氮肥不宜施太多，否则，叶面上的花斑花纹会变成全绿色。

由于此花卉很不耐寒，10月后气候一转凉，就应移入室内，且室温应保持在12℃以上。若室温长期低于10℃，会引起叶片脱落，根部腐烂而死亡。

## ❦ 繁殖方法（扦插）

花叶万年青主要用扦插繁殖，在7~8月气温较高时尤易生根。扦插时，取茎秆2~3节为一段，切口用草木灰或硫磺粉涂敷，然后插入或横埋入沙和蛭石各半的基质中，注意保湿，经3周左右的时间，就可见到从带节处生根萌芽。若带叶扦插，插后要用塑料膜盖上以保持湿度。

# 铁线蕨

别名 铁线草、铁丝草、美人粉、石中珠等

------------------------------

**环境喜好**：性喜温暖、湿润和半阴的环境。不耐寒，怕强光直晒和干旱。要求有较高的空气湿度。

**适宜土壤**：适宜生长在疏松、肥沃和含少量石灰质的沙质壤土中。

**适宜温度**：生长适温16～27℃。

## ❦ 栽培管理

盆栽可用腐叶土、园土和沙等量混合的培养土，或直接用腐叶土加入适量砖屑和木灰配制。铁线蕨适应性强，生长快，每年春季需换1次盆，换盆时添加新的培养土。平时宜放置在无阳光直晒处养护。

养好铁线蕨的关键在于保持环境有较高的空气湿度。平时要保持良好的通风，但要避免放在风口直吹。铁线蕨生长期，每月施1～2次稀薄肥液，即可满足生长之需。夏季气温高时不施肥。秋季凉爽后停止施肥。

给铁线蕨施肥时需注意，不要让肥液溅到叶片上，否则易烧伤叶片，有碍观赏。如不慎将肥液溅到叶面上，要及时用清水冲淋干净。

铁线蕨不耐寒，冬季需放置室内明亮散射光处养护，保持室温8℃以上。此时，铁线蕨生长处于停滞状态，要少浇水，使盆土潮润偏干。

## ❦ 繁殖方法（分株）

铁线蕨以分株繁殖为主，温室内全年都可进行。家庭分株常在春季换盆时进行，将母株从盆中托出，掰开根茎，去除老化根茎，修剪根系直接盆栽，或分离根茎上的小植株进行分栽。新上盆的植株，暂放置阴处，避开干风吹袭，适当喷水，保持较高的空气湿度，待长出新枝后，再移至散射光处养护。在阴湿温暖的环境条件下，其散落的孢子易于自行繁殖，在小苗长到三四片叶时，可挖取上盆。

### 🔲 铁线蕨的叶子为什么容易焦边？

如果是放在室外阳台上培育，夏季中午前后要进行遮阳，遮去阳光的50%～60%，早晚可让它适当见光，否则光照过强，极易引起叶缘焦枯。养护过程中发现枯叶时应及时剪除，以保持植株清新美观，并有利于萌发新叶。

铁线蕨生长季节如水分不足或空气干燥，则叶片易变黄、叶缘容易焦枯。所以生长季节除正常浇水，还要经常向叶面喷水，保持周围

环境有较高的空气湿度，才能保持叶片鲜绿。再就是施肥时不要让肥液沾污叶面，否则叶片亦易枯黄。如不慎将肥液弄到叶面上，要及时用清水将叶片冲淋干净。

# 白鹤芋

别名 白掌、多花苞叶芋、和平芋、一帆风顺等

**环境喜好**：性喜温暖、湿润和半阴环境。忌阳光直晒和干风吹袭。不耐寒冷。

**适宜土壤**：对土壤无严格要求，但以肥沃、湿润的沙质壤土最适宜生长。

**适宜温度**：生长适温20～28℃。

## 🌱 栽培管理

白鹤芋盆栽用普通的园土加上腐殖土和河沙做基质，就可适应其生长需要。每年3～4月换盆，换盆时疏去部分过于拥挤的植株，换上部分或全部盆土，并增施基肥。

生长季节，要经常浇水，保持其盆土湿润，最好能用喷雾器或细眼壶每天向其叶面喷水。夏季还需向植株周围地面洒水，以保持空气湿润，有利于叶片鲜嫩。若空气湿度小，则新叶就长不大，且发黄，有损株形完美。每月宜施1～2次稀薄饼肥水或复合花肥，不仅有利其生长健壮，还有利其开花多，花期长。

白鹤芋只要有些散射光，就已满足对光照的需要，因而只要放置在有散射光处培养，就可常年置于室内观赏。但若长期缺乏光照，则会影响其开花。

白鹤芋不耐寒，在冬季，室内温度需保持在10℃以上，才能免受寒冻伤害，长期低温、过湿则会造成烂根。要多见阳光，适当控水，保持盆土稍湿润，可安全过冬。

## 🌱 繁殖方法（分株、播种）

白鹤芋家庭繁殖可用分株法和播种法。分株宜在早春结合换盆或在秋季开花后进行。分株时每个小丛应有3个以上的芽，并尽量多带些根须，以利于新株能较快地抽生新叶和长成良好的株形。

白鹤芋容易开花结实，花期在5～9月，待种子成熟后采下即播，播后放半阴处保持湿润，1个月后即可发芽，适时分栽。因其不甚耐寒，入冬后要注意防寒保温。

## 绿萝

**别名** 黄金葛、黄金藤、藤芋、花叶绿萝、石柑子等

**环境喜好：** 性喜温暖、湿润和散射光照充足的环境。不耐寒冷、干旱，耐阴、耐湿，忌强光暴晒。

**适宜土壤：** 对土壤要求不高，但以疏松、肥沃和排水性好的沙质壤土为宜。

**适宜温度：** 生长适温20～25℃。

## 🌱 栽培管理

　　春季栽植和翻盆换土，或在生长期直接扦插上盆，每盆栽植4～5株。盆栽时盆土可用园土、腐叶土、沙以5：3：2的比例进行配制培养土。幼龄株每年换盆1次，成龄株2～3年换1次盆。栽植后浇1次透水，放背阴处养护，待恢复生长后移入背阴处进行正常管理。

　　绿萝生性强健，栽培比较容易，生长季节要保证充足的水分供给，使盆土经常湿润，特别是夏季生长旺季，气温高，每天应浇水1次，经常保持盆土湿润。如果天

气干旱、空气干燥，还要经常向叶面、棕柱和周围地面喷水，提高空气湿度，清洗掉叶面的灰尘。

冬季气温较低时，应使盆土湿润偏干，低温若浇水过多容易烂根，甚至造成死亡。

绿萝喜肥，以氮肥为主，肥料不足时，叶片小，茎细弱。尤其是攀缘栽培时，如肥料不足，很难长成优美的株形。

## 繁殖方法（扦插）

绿萝的繁殖主要采用扦插法，生长季节随时可以进行扦插。家庭盆养以5～6月扦插效果好。扦插可结合春季整形修剪进行，利用剪下来的蔓梢做插穗，直接扦插在沙床或盆土中。也可以从植株上剪取生长健壮充实的幼茎蔓，截成长约10厘米的插穗，每插穗含2～3个芽，剪去下部1节的叶片，直接扦插。插后浇水，放置疏阴处，在25℃的条件下20天即可生根发芽。

### 绿萝叶片下垂、枯焦怎么办？

绿萝为原产热带的植物，耐寒性很差，受冻后，会在早春季节出现叶片下垂、枯焦现象。绿萝受寒害有两种情况，一是冬季期间花盆在室内时，室温过低，未达到保暖要求；二是春季移出室外时间过早，在温度才升到11～12℃时就过早地将其搬至室外，而此时气温极不稳定，夜间可降到10℃以下，以致植株冻伤，叶片下垂、焦枯。

要使绿萝不受冻害，需要从两个方面加以注意：一是在冬季室内保暖期间，室温尽量保持在15℃左右。二是初春时不可急于将花盆移到室外，一般要在4月中下旬气温升到15～20℃时再移出。

# 火鹤花

**别名** 花烛、安祖花、红掌、烛台花、红鹤芋等

**环境喜好：** 性喜温暖、湿润和半阴的环境。不耐盐碱，忌干风日晒，不耐低温，也忌高温。适宜在冬暖夏凉、常年湿润的生态环境中生长。

**适宜土壤：** 要求疏松、肥沃和排水良好的沙质壤土。

**适宜温度：** 生长适温20～28℃。

## 🌱 栽培管理

由于火鹤花植株较小，根系分布较浅，故宜选用中小型通透性良好的瓦盆栽培，盆土可选用腐叶土（或泥炭土）、苔藓，再加上少量园土、木炭以及过磷酸钙等混合配制，这种基质疏松肥沃、排水畅通。生长旺季约每月施1次氮、磷结合的稀薄肥液或进行根外施肥，最好每月施1次稀薄矾肥水，以利保持基质的微酸性。从10月至翌年3月要适当控制浇水，其他时间应经常保持盆土湿润，特别是夏季浇水要充足，因为火鹤花性喜湿润环境，水分供应不足就会影响开花。但任何时候都不能浇水过多而使盆底积水，否则根部易腐烂。

此花虽喜阳光，但怕强光，若受到强光直晒，叶片易被灼伤，因此家庭莳养时夏季宜放置在北面窗口附近，冬季宜放在南部窗口附近，而春、秋两季则放在室内具有明亮散射光的地方。火鹤花喜空气湿润环境，夏季最好将盆株放置在盛有湿沙的沙盘上养护，同时每天向叶面喷水2～3次，并经常向地面洒水。但开花期喷水要注意，不能将水喷到花朵上，否则容易烂花。其他季节遇上干旱天气时也需经常喷水和洒水，以提高空气湿度。火鹤花不耐寒，越冬期间室温宜保持在12℃以上。此外，每隔1～2年要换盆1次。

火鹤花若能按照上述要求精心莳养，必能培养出美丽的佛焰苞，显现出展翅欲飞的"火鹤"来。

## 🌱 繁殖方法（分株）

火鹤花常用分株法繁殖，结合早春换盆时进行。分株时每小株都要带有芽和根系，并带有3片以上的叶片，以利成活。也可用分茎法进行繁殖，一般在20～30℃的气温下进行，将较老的根茎切破，带芽眼及少量根另行栽培，以萌发新株。

# 棕竹

**别名** 矮棕竹、观音竹、棕榈竹等

**环境喜好:** 性喜温暖、湿润和散射光照的环境。不耐寒,较耐阴,怕强光暴晒,稍耐水湿和有一定的耐旱能力。

**适宜土壤:** 要求疏松、肥沃和排水良好的微酸性土壤。

**适宜温度:** 生长适温20~30℃。

## 栽培管理

要养好棕竹,需做好冬季防寒、夏季遮阳、合理施肥、适当修剪等工作。棕竹生性强健,具有较强的抗逆能力,养护管理工作并不复杂。但对盆土有所选择,最好用腐叶土(或泥炭土)、园土加少量河沙或珍珠岩混合制成。在植株生长期间,每月应施1~2次稀薄液肥,并在液肥中加少量的硫酸亚铁或少许食醋,以增加土壤的酸性,这有利于保持叶片青翠。浇水要见干才浇,不能使盆土过湿、积水,避免造成烂根、死亡。

夏季或干旱天气，要每天向叶面喷水
2～3次，并向盆株周围地面洒水1～2次，以
增加空气湿度。棕竹也可放于室内莳养，但需
放在有明亮散射光的地方，也可于5月上旬至9
月下旬这段时间将盆株搬到室外有遮阳的地方
培养，但夏季需遮去40%～50%的阳光，否
则会导致棕竹叶片发黄或灼伤叶尖。10月中下
旬气温下降，在温度降至15℃时要将盆株移入
室内，放置在室内向阳处养护，并保持6℃以
上的环境温度。

## 🌿 繁殖方法（分株）

棕竹多用分株法繁殖，常在4月份结合换盆时进行。换盆前停止浇水，待盆土稍
干时，将整株挖出，用利刀把地下茎分切成小丛，每个株丛须带4～5枝，否则生长
恢复慢、观赏效果差。分株上盆后，要放半阴处，浇水不要太多，待萌发新枝后再
移至向阳处养护，然后进行正常管理。

### 怎样防治棕竹常见病虫害？

棕竹生长期的主要病虫害有介壳虫和叶斑病。

（1）介壳虫 夏季高温多湿天气和环境通
风不良时，有时会产生介壳虫危害，若发现少
量应人工刮除。另外，对植株上的枯枝黄叶要
及时剪去。

（2）叶斑病 初期叶片出现黑色小斑点，
然后逐渐扩大病斑，病斑边缘呈黑褐色，严重
时叶片变黄、变黑，最后脱落。此病多在夏季
高温多湿、通风不良的条件下容易发生。

防治方法：将盆株放置在通风、干燥和透
光的地方养护，及时疏除过密的枝叶。发现病
叶及时摘去并销毁，严重时拔除病株。

生长期可喷洒等量式的1%波尔多液，每隔
7天喷1次，连续喷4～5次即可起到预防作用。

# 苏铁

**别名** 铁树、避火蕉、凤尾蕉等

**环境喜好**：性喜温暖、湿润和阳光充足的环境。不耐严寒（温度低于0℃时易受冻害），耐半阴，耐干旱，怕积水，忌烈日暴晒。

**适宜土壤**：适宜生长在肥沃、疏松和排水良好的沙质壤土中。

**适宜温度**：生长适温20～30℃。

## 🌱 栽培管理

家庭栽培苏铁，一般不宜选购太大的植株，花盆选用可根据株形大小和展叶情况而定。栽前盆底多放些粗沙、碎石或碎瓦片做渗水层。培养土宜用腐叶土4份、园土3份、骨粉1份、河沙2份和适量锈铁屑混合配制，用腐熟的豆饼做基肥。栽好后浇透水，放阴凉处约半个月，以后放置于背风向阳处养护。

苏铁喜阳光，在春、秋季幼苗期最好放在阳光直晒处（但不可暴晒）养护，待新叶长成后再移入室内观赏。

在正常发育情况下，苏铁每年春季可生2轮新叶。如发现植株2~3年不发新叶或叶片发黄干枯，应及时检查根系是否腐烂。若根系腐烂，要将腐烂部分除掉，移入室内用素沙土栽植，控制浇水，过一段时间可以继续生长。

## ✿ 繁殖方法（分蘖）

家庭养植苏铁多采用分蘖法繁殖。4月初天气转暖，温度、湿度适宜子球生根，将苏铁基部萌蘖的新球切下栽种即可。

### ▨ 苏铁叶片发黄怎么办？

在栽培苏铁过程中，有时会出现叶片发黄现象，有的是部分叶片发黄，有的是全部叶片发黄，也有的是基叶发黄而上端叶片仍青绿不变，其发黄的原因有以下几种：

（1）如果部分老叶发黄，一般是由于盆土干湿不均引起的，若盆土过干，植株得不到水分供给，叶片干枯是很自然的。有的是因受到介壳虫的危害，被害部分受到损伤而发黄，发黄的叶片应及时剪除。

（2）若夏季或秋季全株叶片都发黄，那么这种情况或是因为盆土太干所致，或是受到严重病害所致。

（3）因冬季防寒措施不力而受寒害，或春季升温不够时过早移出室外而受到寒害，也可引起叶片枯黄。

（4）若在换盆中使用了未经腐熟的肥料或施过多的肥料做基肥，灼伤了根系，也会使叶片发黄。

若叶片全部枯黄，但鳞茎仍硬挺，应将黄叶剪去，对鳞茎采取防冻保暖措施，到来年夏季仍可发根长叶；如鳞茎已烂去一半，可把烂掉的部分削去，将它种在微湿的沙土内，到来年夏天仍可生根长叶。

发生比较严重的黄叶现象时，采取的挽救措施是：将植株从盆中挖出，换入新土重新栽植。

## 龟背竹

 别名 蓬来蕉、电线兰、电线莲等

------------------------------------------------

**环境喜好：** 性喜温暖、湿润和半阴的环境。忌阳光直晒和干燥，不耐寒。

**适宜土壤：** 适宜生长在疏松、肥沃和保水性好的微酸性腐叶土中。

**适宜温度：** 生长适温20～28℃。

### 🌱 栽培管理

尽管管理盆栽龟背竹可粗放一些，但还是应注意以下几个环节：

（1）**用土和换盆** 龟背竹扦插生根后，移栽上盆时可用肥沃的塘泥，或用黑色山泥。因其生长迅速，每年需换1次盆，换盆时间宜在3～4月间。换盆时，去掉部分陈土和枯根，换上大一号的盆。盆底放些蹄片、碎骨等做基肥，填进腐叶土、园土、沙土各1/3混合配制的培养土。

（2）**注意生长环境** 龟背竹忌烈日直晒，不耐寒，盛夏应放在室内或荫棚下，不能放在阳光过强的阳台上。秋末气温下降时应移入室内保暖。

（3）**保持盆土湿润** 龟背竹喜湿润，生长期间需要充足的水。日常浇水，可每天1次，夏季早晚各1次；空气干燥时，更需要向叶面喷水和周围环境洒水，以保持潮润环境；冬季3～4天浇1次水，每隔7～10天用与室温接近的清水喷1次叶面，以保持植株常绿而清新，提高观赏价值。

（4）**适当施肥** 龟背竹为较喜肥的花卉，4～9月可每15天施1次稀薄饼肥水，也可用沤熟的尿肥加水薄施，肥足则叶色可人。

## 🌱 繁殖方法（扦插）

龟背竹繁殖以扦插法为主。早春4月从茎上剪下带节的部分，要求至少能带2个节，将气生根去掉，带叶直接扦插在盆中，浇透水，放置在温暖潮湿而又能遮阳的地方，温度保持在21～27℃，1个月左右可生根。但是，用这种方法繁殖的龟背竹叶子会变小，且没有开裂，至少需要养护1年才能达到观赏效果。如果采用埋气生根法和扦插法相结合的方法，效果会好得多。

埋气生根法的操作很简单，只要将植株前端3～4节的气生根埋入另一个花盆中，使盆中土壤保持湿润，而植株原盆土壤稍干，这样一来，前端的气生根就会很快长出真根。20天后即可将前端几节切断，重新整理上盆，剩下的几节可剪下扦插。这样，既不影响植株形状，且繁殖数量也不减少，有些长得过长的植株通过这种方法反而会更加美观。

### 🔲 龟背竹受害冻伤了怎么办？

龟背竹受到冻害时，植株的叶面就会呈现大块的黑褐色斑，严重时叶柄从茎上自动脱落，接着还会导致整株死亡。龟背竹受了冻害的挽救方法是：在近茎处切去坏死的烂根，若黑褐色斑侵入茎内，要逐节削去烂茎，直至茎切面不再有黑褐色为止；将顶部一片叶子剪去2/3，用刀轻轻划破叶柄上的苞叶，并用细竹竿把叶柄撑牢固定，以防其脱落时折断嫩芽；控制浇水，保持盆土稍干燥些，以增强植株的抗寒能力，一般每隔半个月选晴天中午往盆面

稍喷点水，不需施肥，直至5月份新芽长出后再逐渐增加浇水量；在解冻期间，要严格避免光照，并缓慢加温，使之逐渐恢复生机。

# 吊兰

**别名** 挂兰、钓兰、垂盆吊兰、折鹤兰等

**环境喜好：** 性喜温暖、湿润和半阴环境。不耐寒，怕高温和强光暴晒，不耐干旱和盐碱，忌积水。

**适宜土壤：** 适宜生长在疏松、肥沃和保水性较好的土壤中。

**适宜温度：** 生长适温18～28℃。

## 栽培管理

盆栽土可用5份园土、3份腐叶土和2份堆肥混合配制。生长期间肥水要充足，可每10～15天施1次稀薄液肥，以氮肥为主，配施适量磷钾肥。盆栽宜悬挂养护。夏季，每天要向吊兰叶面喷水，保持一定湿度，避免阳光直晒。

吊兰根系发达，经1年生长，根茎可长满全盆，应每年换盆1次，剪除部分老根，栽植时仍保持原来的深度。

## 繁殖方法（扦插、分株、播种）

吊兰可采用扦插、分株、播种等方法进行繁殖。

扦插和分株繁殖，从春季到秋季可随时进行。吊兰适应性强，成活率高，一般很容易繁殖。扦插时，只要取长有新芽的葡匐茎5～10厘米插入土中，约1周即可生根，20天左右可移栽上盆，浇透水放阴凉处养护。

分株时，可将吊兰老植株从盆内托出，除去陈土和朽根，将老根切开，使分割开的植株上均留有3个茎，然后分别移栽培养。也可剪取吊兰葡匐茎上的簇生茎叶(实际上就是一棵新植株幼体，上有叶，下有气根)，直接将其栽入花盆内培植即可。

吊兰的播种繁殖可于每年3月进行。因其种子颗粒不大，播下后上面的覆土不宜厚，一般0.5厘米即可。在气温15℃情况下，种子约2周可萌芽，待苗棵成形后移栽培养。

### 吊兰叶尖干焦发黄怎么办？

吊兰喜半阴环境，如放置地点光线过强或不足，叶片就容易变成淡绿色或黄绿色，缺乏生气，失去观赏价值，甚至干枯而死。所以吊兰应放置于较阴凉通风处，并要经常向其叶面喷水，以增加环境湿度。

另外，浇水和施肥不当也会引起叶片干枯。吊兰喜湿润，但浇水过量或排水不良也会引起烂根，使叶枯焦死亡。吊兰较喜肥，肥水不足的植株易发生叶片黄绿、枯尖现象，但施肥也不宜过量，要视吊兰生长情况合理施肥。越冬要防止冻害，室温不宜低于5℃。

# 西瓜皮椒草

别名 无茎豆瓣绿、豆瓣绿椒草等

**环境喜好：** 性喜温暖、湿润、半阴和空气湿度较大的环境。不耐寒，怕高温和强光。

**适宜土壤：** 适宜生长在肥沃和排水良好的腐叶土中。

**适宜温度：** 生长适温20～28℃。

## ❧ 栽培管理

盆栽宜选用腐叶土或泥炭土、园土、河沙以7：2：1的比例混合配制的培养土。生长季节经常保持盆土湿润，但盆内不能积水，否则易烂根落叶，甚至死亡。施肥也应适量，不可过多，只要每月施1次稀薄饼肥水或复合肥液即可，如施肥过多，特别是氮肥过多而又缺乏磷肥时，叶面上的斑纹就容易消失，失去了"西瓜皮"的美感。夏天和干旱季节，每天应向叶面上喷水2～3次，以保持较高的空气湿度，可利于斑纹的形成，使主侧脉的斑纹色彩亮丽，风姿魅力强劲。

西瓜皮椒草虽然可常年放在室内光线明亮处莳养，但最好于春、秋季天气晴朗时将盆株移到室外，放在通风良好而又有散射光处养护，隔一段时间再将其搬回室内，用这种方法轮流内外移置，可使植株生长得更加健壮，叶面的斑更加明显清晰，观赏价值更高。

一般每隔1年，于早春换盆1次，换盆时剪去部分老朽根须，添加新的培养土，并疏剪叶柄过长的叶片，以利保持株形均匀优美。

## ❧ 繁殖方法（叶插、分株）

常用叶插法和分株法繁殖。扦插多在春、夏季进行。主要用叶插，取成熟的叶片，带上约2厘米长的叶柄，待切口稍晾干后斜插于素沙盆中，插后适量浇水，注意基质不可过湿，否则易引起烂根。在20℃左右的条件下，约20天即可生根，待苗长到4～5厘米高时，便可移栽上盆。分株在春季结合翻盆换土时进行，将叶丛密集的母株切开，带根栽植于事先准备好的盆土中。

# 春羽

别名 春芋、小天使喜林芋、羽裂蔓绿绒、裂叶喜林芋等

--------------------------------------

**环境喜好**：性喜高温、多湿和半阴的环境。不耐寒，耐阴，怕干旱和强阳光直晒。

**适宜土壤**：适宜生长在疏松、肥沃和排水良好的微酸性沙质壤土中。

**适宜温度**：生长适温15～25℃。

## 栽培管理

春羽虽然植株较大，但幼株盆栽后仍可装饰室内外环境。盆栽可用腐叶土或泥炭土、园土和河沙等量混合做基质，栽植时施少量基肥。

此植物生长较快，故宜每年春季换1次盆。一般培养3~4年后，应进行更新。

春羽生长期，经常保持盆土湿润，尤其是夏天不能缺水。因喜湿润，除充分浇水，还要经常向叶面喷水。冬季要适当减少浇水量。

春羽生长期，一般每月施1~2次稀薄饼肥水，促其生长。注意施用氮肥不宜过多，否则会出现叶柄软弱、弯曲下垂现象，影响观赏效果。冬季不施肥。

春羽喜半阴环境，又耐阴，可常年放置在室内明亮处莳养。但幼苗如能在春、秋两季放置室外，在遮阳下养护一段时间后，再搬回室内养护则对其生长更为有利。夏季和初秋切忌不可阳光直晒。

冬季，春羽应放置室内向阳处莳养，让其多接受光照，保持室温10℃以上，并控制减少浇水量，少施肥或不施肥，可有利其安全越冬。

## 繁殖方法（分株、扦插）

常用分株和扦插繁殖。春羽在生长盛期，基部一般都会萌生分蘖，待分蘖长大，并出现不定根时，将其切开另行上盆；当植株较高时，可剪取带气生根的侧枝直接盆栽。还可将茎的上半部切下扦插，留下基部会萌发多个腋芽，可用于繁殖。

# 蜘蛛抱蛋

别名 一叶兰、箬兰、铁梗万年青等

**环境喜好：**性喜湿润、温暖和半阴的环境。耐阴性强，较耐寒，不耐干旱和潮湿，忌强阳光直晒。

**适宜土壤：**在疏松、肥沃和排水良好的土壤中生长良好。

**适宜温度：**生长适温15～25℃。

## 🌱 栽培管理

蜘蛛抱蛋适应性强，生长较快，每年最好都要换盆1次，以保证土壤中有充分的营养供给，并使根系有伸展的余地，还可趁此机会修剪去一些多余的须根和茎叶。盆土可用腐叶土、园土和粗沙等量混合制成。新栽的植株不可晒太阳，应放在阴处，待其恢复生长后，再将花盆吊挂在客厅的窗口附近等处，让其茎蔓向盆四周伸展悬垂下来。在春、秋生长旺季，浇水宜充足些，并可每隔半个月左右施1次腐熟的液肥。此植物喜潮湿的环境，可经常用与室温相近的清水喷洒叶片，以保持周

围环境湿润和植株清洁光润。夏季应将花盆放置在荫棚下或树丛下培养，避免日光直晒。在10月下旬气温下降时要将其移入室内，挂在客厅中或放置在书架上，晴天可将其移出室外，适当接受光照，傍晚再移回室内，在气温稍高或空气较干燥时为它喷些水。

## 🌱 繁殖方法（分株）

蜘蛛抱蛋主要采用分株法繁殖。通常在春季气温开始回升，新芽尚未萌发之前，结合换盆进行。分盆时，用利刀将母株劈开，剪去老根和摘除枯叶，每5~6片叶一丛上盆。需要注意的是，要使每丛都带有几枚新芽，否则生长几年都不能满盆，植株松散，影响观赏效果。

### 122 怎样保持蜘蛛抱蛋叶片经常油绿？

蜘蛛抱蛋生命力较强，在阴暗处数月也不会死亡，但会影响新叶生长，老叶缺乏光泽。要使蜘蛛抱蛋叶片鲜绿有光泽，可采取如下几项措施：

（1）良好的适度的光照。家庭盆栽平时可放置在北面阳台上莳养，也可以放置在室内光线明亮处，且较通风的地方。最好在室内放半个月至1个月后，再移到阳光较充足处养护一段时间，不断轮换，不会影响正常生长。特别是新叶萌发生长期，不能将植株放置在阴暗处，否则叶片会瘦弱无光泽。注意避免夏季的强阳光直晒，否则叶片会变黄而失去光泽。

（2）浇水要适量，保持一定的空气湿度。此花生长期若空气干燥，会使叶缘或叶尖枯焦。因此，生长期除正常浇水外，还要注意经常向叶面和地面喷水，保持较高的空气湿度，方可使叶片生长得碧绿肥大，色泽鲜艳亮丽。

# 第三章

# 姹紫嫣红的
# 宿球根花卉花园

# 水仙花

**别名** 天葱、凌波仙子、雅蒜等

**环境喜好**：性喜温暖、湿润气候和冬暖夏凉、阳光充足的环境。耐寒性较差，耐干旱，喜高温，能耐半阴，但开花期需要充足散射光照。

**适宜土壤**：适宜生长在土质深厚、疏松、肥沃、保水力强而排水好的微酸性土壤中。

**适宜温度**：生长适温10～20℃。

## ❧ 栽培管理

　　水仙花为石蒜科多年生草本植物，与一般宿根草本不同，具有秋季开始生长、冬季开花、春季贮藏养分、夏季休眠的特性。水仙性喜光，喜温暖湿润气候，耐水湿，忌酷暑，怕严寒，好肥。因此，要培育好水仙花，需把握以下条件。

　　**适度的光照**　欲使水仙生长发育正常，每天光照不得少于6小时，若光照不足，会出现叶子徒长、水仙花开花少或不开花现象，即使开花，花头也瘦弱，姿态欠佳。但需要光照并非直接放在太阳下直晒，多晒也不利于生长发育。

　　**水分和水质**　水仙花喜湿润，生长发育期需水量大，成熟期新陈代谢减弱，对水的需求量也相应减少。水仙水培时，要保持盆水清洁、新鲜，不要用硬水、脏水或混有油的水，否则不利于生长，且易烂根。

**温度** 水仙花在生长前期较喜凉爽，但在后期喜温暖。最适宜生长的气温为18～20℃，当气温为20～24℃、相对湿度为70%～80%时，最宜于鳞茎生长膨大。

**施肥** 水仙花露地栽培时，对母鳞茎施肥不必过勤，每月施用稀薄的人畜粪尿1～2次，以促进鳞茎贮备更多的养分。如果氮肥太多，苗叶徒长，可能引起鳞茎分裂，影响当年开花。水仙花水培时，一般不需施肥，若有条件，在开花期可稍施速效磷钾肥，这样可使花开得更艳丽。

**土壤** 水仙花露地栽培时，以疏松、肥沃、保水力强、土层深厚的沙质壤土为宜，pH值为5～7.5均适于其生长。如盆栽水仙花，培养土可用沙质壤土2份、腐叶土1份和河沙1份混合而成，最好用基肥垫底。栽植后浇水，放阳光充足处。施肥不必过勤。

### 如何挑选水仙球？

水仙花是世界著名花卉。"花似黄金盘，叶如碧玉带"，置于案头，仿佛一位出水仙子。水仙花开花多，香气浓，关键在于水仙球的质量，因此，选球是养好水仙花的第一步。选球的要点有以下几个方面。

**问庄** 福建漳州产的水仙花，外运多是用竹篓包装，同样大小的篓中有20粒、30粒、40粒和50粒，装得数量越少，说明球越大，日后开花越好。40～50粒庄一般有2～3个花芽，20～30粒庄有5～7个花芽。经催化处理过的水仙球，有的可有10个左右的花芽，但香气不如未经催化处理的浓。

**看形** 即看鳞茎的形态。优质的水仙鳞茎扁圆、坚实，表皮纵脉条纹距离较宽，色泽明亮，根盘宽大肥厚，并且略凹，越凹越好。旁生的小鳞茎越多越好，没有小鳞茎则说明尚不够成熟，日后开花不会多。

**观色** 即看鳞茎外壳的色彩。水仙球外衣以深褐色、包膜完好、明亮的为优。这样的球养分充足、坚实，有一定分量，水培后叶片饱满且开花多。

**按压** 通过按压可感觉出花芽的数目。用拇指稍按捏鳞茎的前后两侧，有花芽的地方则手感硬而有弹性，没有花芽的则手感松软，缺少弹性。

# 君子兰

**别名** 达木兰、剑叶石蒜、大叶石蒜等

**环境喜好**：性喜温暖、湿润及半阴的环境。喜散射光照，忌夏季阳光直晒，不耐寒，怕积水。

**适宜土壤**：在疏松透气并富含腐殖质的沙质壤土中生长良好。

**适宜温度**：生长适温15~25℃。

## 栽培管理

（1）**栽种** 春季或秋季栽植。盆土选用富含腐殖质的土壤，并渗20%左右的沙粒，有利于养根。每两年换盆1次。用厩肥、堆肥、绿肥或豆饼做底肥。

（2）**浇水** 生长期保持盆土稍湿润，并经常向四周喷雾以提高空气湿度，保持通风。夏季植株处于半休眠状态，应控制浇水，经常向叶面及盆株四周喷雾和洒水。加强通风，增加空气湿度。秋季干燥，应注意补充室内空气湿度，保持盆土润而不湿。冬季应少浇水，保持盆土干而不燥。若开花，浇水同生长期管理。

（3）施肥　春季开始生长后适当加大水肥使用量。间施些磷钾肥，有利于叶脉形成和提高叶面的光泽度。夏季不施肥。9～10月生长旺季追加肥料。冬季不施肥。

（4）光照和温度　生长期保证充足的散射光照。夏季注意遮阳和降温。秋季保证充足的散射光照。冬季将盆株放于室内向阳处养护，越冬温度不低于5℃。如10月底至

12月中旬，让植株在5℃的低温下15天，然后开始升温，形成白天20℃，夜间10℃的温差，可促进花芽分化，提前开花。

## 如何防止君子兰夹箭

夹箭是指君子兰抽箭时箭杆窜不出来，夹在基部叶丛中开花的现象。

低于15℃或高于25℃，都不利于抽箭。抽箭时温度保持在18℃左右最好。

君子兰花期需要较多磷钾肥，进入秋季应增加施肥次数，最好施用含磷较高的液肥，发现箭露头要向叶面喷施0.3%磷酸二氢钾溶液。

## 幼株成长后怎样进行换盆？

换盆时间是春季谷雨前或者秋季进行，气温在20℃左右时为宜。新盆应比原盆大，在培养土中加些过磷酸钙或骨粉，与土混合均匀作为基肥。换盆时，先用小刀沿着盆的内壁插入土中划一周。然后一手手掌在下，用中指和无名指插入植株根茎部，五个手指张开按紧盆土，另一只手将盆子翻个儿正好将盆土及花苗托在手掌上。将托着的盆土剥去大部分，留下小部分贴根土，用水喷潮，立即上新盆栽植。

植株要放在盆的中间，使根在盆内舒展自如，过长的根可剪去一部分，留一部分盘在盆底。逐渐加土，并轻摇盆身。最后把植株往上提高1～2厘米，使根系舒展，再摇动一下盆身，将土表轻轻按实，浇一次透水，置于荫处即成。注意不可在花期换盆。

# 大丽花

别名 天葵牡丹、大理花、大理菊、地瓜花、苕菊等

**环境喜好**：性喜温暖、凉爽、通风和阳光充足的环境。忌积水，雨涝。不耐寒，怕霜冻，温度下降到4～5℃时即进入休眠。夏季生长季节要求干燥凉爽，忌酷暑、多湿。

**适宜土壤**：适宜生长在疏松、肥沃、排水和保水性良好的沙质壤土中。

**适宜温度**：生长适温15～26℃。

## 🌱 栽培管理

　　大丽花适生于疏松、富含腐殖质和排水性良好的沙质壤土中。盆栽大丽花定植用土，最好以园土（50%）、腐叶土（20%）、沙土（20%）和大粪干（10%）配制而成。板结土壤容易引起渍水烂根，不能用，在日常管理中，应及时松土，排除盆中渍水。盆栽大丽花应放在阳光充足的地方，叶片生长期每日光照要求在6小时以上，光照少于4小时，则茎叶分枝和花蕾形成会受到一定影响，特别是阴雨寡照环境则开花不畅，茎叶生长不良，且易患病。浇水要掌握"干透浇透"的原则。大丽花

是一种喜肥花卉，从幼苗开始一般每10～15天追施1次稀薄液肥，现蕾后每7～10天施1次，到花蕾透色时即应停浇肥水，气温高时也不宜施肥。盆栽大丽花的整枝，要根据品种灵活掌握。

## 🌿 繁殖方法（播种、分株、扦插）

（1）**播种**　因家庭收种比较困难，可到花卉市场或园艺公司去购买。于春季3～4月播种。

（2）**分株**　家庭养花多采用分株繁殖方法。早春块根萌发新芽后，将长在一起的块根分割成单个块根后栽种，保证每个块根均应有芽。注意切口处涂草木灰，防止腐烂。

（3）**扦插**　为大丽花的常用繁殖方法。一年四季皆可进行，但以早春扦插为最好。当新芽生至6～7厘米、基部一对叶片展开时，剥去上部芽扦插。待留下的一对叶腋内的腋芽伸长6～7厘米时，又可切取扦插，这样可以扦插到5月为止。扦插用土以沙质壤土或泥炭土为宜。

### 🔲 怎样防治大丽花病虫害？

大丽花在栽培过程中易发生的病虫害有白粉病、花腐病。

（1）**白粉病**　9～11月份发病严重，高温高湿会助长病害发生。病株矮小，叶面凹凸不平或卷曲，嫩梢发育畸形。花芽被害后不能开花或只能开出畸形的花。病害严重时可使叶片干枯，甚至整株死亡。

防治方法：加强保护，使植株生长健壮，提高抗病能力，控制浇水，增施磷钾肥。发病时，及时摘除病叶。

（2）**花腐病**　多发生在盛花至落花期内，土壤湿度偏大，地温偏高时会诱发病害的发生。花瓣受害时，病斑初为褪绿色，后变为黄褐色，病斑扩展后呈不规则状，由黄褐色至灰褐色。

防治方法：植株间要加强通风透光，后期水、氮肥不能使用过多，要增施磷钾肥；蕾期后，可用0.5%波尔多液或70%托布津1500倍液喷洒，每7～10天1次，有较好的防治效果。

# 仙客来

别名 兔耳花、萝卜海棠、一品冠等

**环境喜好:** 性喜温湿、凉爽的气候和阳光充足的环境。既怕高温,又畏严寒,忌强光直晒。春、秋、冬三季为生长季节,夏季为休眠期。

**适宜土壤:** 宜生长在富含腐殖、排水良好的微酸性沙质壤土中。

**适宜温度:** 生长适温15~20℃。

## 🌱 栽培管理

仙客来为半耐寒球根花卉,喜湿润,宜放置在通风阴凉处,并经常在其周围喷水降温,不使小球休眠,这样对冬、春开花有利。仙客来最适宜生长温度为15~20℃,冬季需在温室中养护。仙客来适生于富含腐殖质的酸性沙质壤土中,平日管理要注意浇水不宜过多,经常保持盆土湿润即可,向叶面喷水时不要将水喷到花上。仙客来较喜肥,但要勤施稀薄液肥,一般可每周施1次,肥液不可沾染叶片。花梗抽出时,应增施1次骨粉或过磷酸钙。开花期应停止施肥,控制浇水。

## 🦋 繁殖方法（播种）

仙客来的繁殖多用播种法。播种的时间以8月
下旬至10月中旬为好，这样可使仙客来的幼苗避
过炎夏及寒冬。为提高种子发芽速度，可用温水浸
泡种子2~3小时，再用纱布包好，在25℃下经2
天催芽，这样入土后半个月即可出芽。种子播于盆
内后，上面覆土不要太厚，0.5~1厘米就行了，盆
上盖玻璃或塑料薄膜，但不要盖得太严，然后放在
室内阴凉处，用浸盆法保持盆土湿润，气温保持在
18~20℃。当幼苗长出2~3片真叶时，要及时分

栽，如移苗迟了，植株纤弱，就不能形成球茎。苗上盆后需放阴凉处缓苗，逐步见
阳光。半个月后可每周施肥1次，生长期盆土不宜过湿，忌烈日高温。

### 👁 仙客来为什么夏季容易死亡？

当气温超过30℃时，仙客来叶片逐渐发黄凋萎，生长停滞，进入休眠状态，
若管理不当，还容易干枯或腐烂而亡。要使仙客来安全度夏，必须采取一些有效
措施。

（1）**养护好当年生的新株。**播种的一年生小苗，为使其生长强健，入夏前要加
强水肥供给，培育出壮苗。5月下旬，将植株移到通风凉爽而避雨的地方，让其接受
散射光照。夏季炎热干燥时期，要注意向植株周围喷水降温，但浇水也不宜过多，
只要盆土湿润即可，或施少量腐熟稀薄的饼肥水，天凉后再逐渐增加光照，促其健
壮生长。

（2）**要养护好多年生的老株。**对二年生以上
的老株，入夏后将花盆移到北面较凉爽的地方养
护。5月后加强通风，天气炎热时，经常向叶面和
植株周围地面上喷水降温，但要严格控制向盆土浇
水，宁干勿湿，否则处于休眠中的仙客来，极易发
生球茎腐烂。至中秋时可使盆土湿润，使块茎萌发
新芽，待稍长大逐渐给光照，以利花芽长成，此后
直至翌年年夏季，都可健壮生长而不致萎黄枯死。

# 百合

**环境喜好：**性喜凉爽、湿润和阳光充足的环境，较耐寒，耐半阴。

**适宜土壤：**在肥沃、富含腐殖质、土层深厚、排水性良好的微酸性沙质壤土中生长茂盛，鳞茎发达，花色艳丽。

**适宜温度：**生长适温16～24℃。

## 🌱 栽培管理

（1）栽种　选择个头中等或较大、表面无污染的鳞茎作种球。盆栽培养土宜用腐叶土、园土、沙以1∶1∶1的比例混合配制，盆底施足充分腐熟的堆肥、少量骨粉及草木灰作基肥。栽植前用高锰酸钾150倍液对盆土、鳞茎进行消毒。栽

种深度一般为鳞茎直径的3倍。栽后透水，放置黑暗、凉爽处，保持盆土潮润，当顶芽露出后，移至光线明亮的阳台上培养。生长期保证光照充足。开花期将盆株搬于阴凉处，可延长花期。

（2）**浇水** 盆栽初期浇水宜少，使盆土偏干，出叶后逐渐增加浇水量至盆土稍湿润。夏季盆土不能缺水，保持土壤稍湿润即可。气温高时，百合逐步进入休眠，保持盆土偏干。秋季栽种的百合，到了冬季保持盆土湿润即可。

（3）**施肥** 春初开始萌芽时不需要施肥。夏季是百合生长旺季，可以每10~15天施含钾液肥1次，花期加施磷酸二氢钾液1~2次，花后追肥2~3次。

开花后及时剪去残花。用于瓶插时应以花朵完全显色、但尚未开放时剪下，剪花朵时应保留基部部分叶片，以便为地下茎生长提供光合作用。

盆栽百合需每年换盆1次，换上新的培养土和基肥。此外，生长期每周还要转动花盆1次，不然植株容易偏长，影响美观。

## ✿ 繁殖方法（分小鳞茎、鳞片扦插）

（1）**分小鳞茎** 在老鳞茎的茎盘外围长有一些小鳞茎，在9~10月收获百合时，可把这些小鳞茎分离下来，贮藏在室内的沙中越冬，于第2年春季上盆栽种。培养1年多即可长成大植株。

（2）**鳞片扦插** 选取生长良好的百合，将充实、肥厚的鳞片分掰下来，每个鳞片的基部应带有一小部分茎盘，稍阴干后扦插于盛好河沙（或蛭石）的花盆或浅木箱中，让鳞片的2/3插入基质，保持基质一定湿度，在20℃左右的条件下，约1个半月后鳞片伤口处即生根。培养到次年春季，鳞片基部即可长出小鳞茎，将它们分离下来，栽入盆中，加以精心管理，培养3年左右即可开花。

# 郁金香

别名 旱荷花、洋荷花、草麝香等

**环境喜好**：性喜冬季温暖、湿润和夏季凉爽、稍干燥的环境。耐寒力极强，忌暑热。

**适宜土壤**：适宜生长在腐殖肥沃而排水良好的沙质壤土中。

**适宜温度**：生长适温15～25℃。

## 🌱 栽培管理

　　盆栽郁金香宜选充实肥大的球茎，每盆浅栽3～5球，球顶与土面平齐。盆土宜用菜园土和腐叶土各半，再掺入少量沙混合为好，另加少量骨粉及饼肥渣做基肥。上盆时间各地因气候差异而有所不同，一般在土壤封冻前15～20天且气温9～15℃时进行。上

盆后连盆埋入与花盆同高度的土坑中，上覆土10厘米左右，浇透水。冬季干旱时需灌水2～3次。翌年春季3月上旬将郁金香连盆挖出，清除盆内多余的土，待萌发后转入正常管理。

郁金香生长期保持盆土湿润偏干，空气干燥时需向叶面、地面喷水，增加空气湿度，促进抽生花莛。保证充足的光照。生长初期不需要施肥，在长出2～3片叶、花莛抽生现蕾时，分别施1次富含磷、钾的稀薄液肥即可。

## 繁殖方法

由于郁金香在我国南方地区栽培品种容易退化，通常第1年新引种种球生长、开花正常，但到了第2年自留种球的球径、株形、花均小于第1年，第3年的小于第2年，最后失去观赏价值。

所以家庭栽培郁金香可不必留种，每年秋季去花卉市场、园艺公园购买已处理好的5℃球、9℃球栽培，可在元旦、春节开花。

### 郁金香只长叶不开花怎么办？

有可能是以下原因造成的：栽种郁金香在9～10月，这样能满足它的生殖生长需求。盆土内要施入基肥，并保持适当湿度。保证光照充足，并放在空气流通的地方。种球退化，要到花卉市场购新种球种植。

### 怎样延长郁金香的花期？

开花后搬至阴凉处可延长花期。此时要施以钾肥为主、氮肥为辅的肥料，促进鳞茎膨大。随着气温的升高，6月下旬植株地上部分开始萎蔫，继而枯死，可取出鳞茎，阴干后用网袋吊贮于通风干燥的阴凉处，以备日后栽培。

# 菊花

别名 秋菊、寿客、更生、帝女花、节毕等

**环境喜好**：性喜湿润，忌积水，喜半阴，忌烈日，属短日照植物。菊花耐霜寒。

**适宜土壤**：在腐殖质丰富、排水良好的沙质壤土及通风的环境中生长良好。

**适宜温度**：气温在10℃以上开始萌芽，生长适温15~22℃。

## 🌿 栽培管理

　　菊花的不同栽培方式，决定着管理方法的不同。这里着重介绍一下盆栽菊花的管理方法，就是要做好换盆、浇水、施肥、摘心、疏蕾等工作。

　　（1）**换盆**　菊苗扦插成活后，要择阴天上盆。盆土宜选用肥沃的沙质壤土，先小盆后大盆，经2~3次换盆，到7月份可定盆。定盆可选用6份腐叶土、3份沙质土和1份饼肥渣配制成的混合土栽培植株，浇透水后放阴凉处，待植株生长正常后逐步移至向阳处养护。

（2）**浇水** 要求做到适时、适量合理浇水。浇水最好用喷水壶缓缓喷洒，不可用猛水冲浇。阴雨天要少浇或不浇。气温高、蒸发量大时要多浇，反之则要少浇。一般在给花浇水时，不干不浇，浇则浇透。

（3）**施肥** 在菊花植株定植时，盆中要施足基肥。在植株生长过程中施追肥时，不要过早过量，一般可隔10天施1次肥。

（4）**摘心与疏蕾** 当菊花植株长至10多厘米高时就开始摘心。摘心时，只留植株基部4～5片叶，上部叶片全部摘除。待以后叶腋长出新枝有5～6片叶时，再将心摘去，使植株保留4～7个主枝，以后长出的枝、芽要及时摘除。

## 繁殖方法（分株、扦插、嫁接、播种）

繁殖菊花可采用分株、扦插、嫁接、播种等多种方法。嫁接法和播种法，技术要求条件高，繁殖过程比较烦琐。家庭养菊一般多采用分株法和扦插法来进行繁殖。

（1）**分株法** 秋菊、冬菊开过花后，将老茎剪去，不久老根旁会长出许多脚芽。11月下旬至12月上旬，或于清明前后，将母株挖出，抖除陈土，再根据根的状态，自然拆开，分植于露地或盆中即可。用分株法繁殖的菊花植株高大，开花亦多，但花朵不如扦插法培育的大。

（2）**扦插法** 一般于5～6月间，从隔年老株萌生的新枝上剪取10厘米长、有2～4节的枝梢，打掉下半段的叶片，上半段的叶片剪去一半，再将枝梢下部剪平，插入土中约5厘米深，每株相距10厘米，浇透水，注意遮阳。扦插土多以园土与砻糠灰各半拌和而成。每天的浇水量以够蒸发为准，过15～25天即可生根发芽。以后每隔3天施1次氮肥，1个月后即可分栽。扦插也可用叶插，但必须取叶柄基部带有母株枝上皮层的叶片，即带有叶腋生长点的叶片，这样扦插后才能长出新芽。

# 蝴蝶兰

 别名 蝶兰

**环境喜好**：性喜温热、多湿、通风和半阴的环境。要求有充足散射光，忌强光，不耐寒，怕积水。春季空气湿度为70%～80%，夏季为80%～90%，冬季为60%～70%。

**适宜土壤**：在肥沃、疏松和排水良好的粗粒介质上生长良好。

**适宜温度**：生长适温18～28℃。

## ✿ 栽培管理

蝴蝶兰为典型的附生兰，具有气生根，故栽培方法不同于一般花卉。盆栽时多选用四壁带孔的素瓦盆或塑料盆。花盆不宜过大，宜浅不宜深，盆口直径以自然展开最大的两片叶尖距的1/2为宜。为保持良好的透气性，栽培的基质可以选用木屑、树皮块、炭粒、苔藓、椰子壳块、蛭石、碎蕨根等，参考配方用碎蕨根、泥炭土、木炭粒和珍珠岩以4∶2∶2∶1的比例进行配制。栽植时1盆1株。栽后浇透水，放遮阳的地方养护。

蝴蝶兰花茎较长，往往不能直立，故随着植株花茎的生长要及时在盆内设立支架，将花茎绑缚在支架上。

## ✿ 繁殖方法（分株）

一般采用分株繁殖。蝴蝶兰是单茎性兰，但有时也会从植株的基部长出小苗，当小苗长到3～4片时，可从老株的基部分离下来，栽植在小花盆中养护，可以长成一株新的蝴蝶兰。分株多在新芽萌发前或开花后进行，这时营养集中，抗病力强。

### 怎样让蝴蝶兰花在春节期间开花？

如果希望蝴蝶兰在春节开花，可以于7月底对其控制，少浇水，并施用氮、磷、钾比例为1∶3∶2的速效肥料400～500倍液，并适当提高温度、湿度和加强光照。到8月底至9月初时，将植株放入低温温室约35天，让其完成花芽分化过程，待花芽形成之后，维持夜间温度18～20℃，白天25℃左右，当花茎长到约12厘米长时，低温处理结束，从花芽分化到开出花来，为90～120天时间。

# 卡特兰

别名 嘉德利亚兰、卡特利亚兰、多花布袋兰等

**环境喜好:** 性喜温暖、湿润、半阴和空气流通的环境。不耐寒，比较耐干旱，忌积水。

**适宜土壤:** 要求用蕨根、苔藓、泥炭藓、陶粒或木炭粒、蛇木屑等做为栽培基质。

**适宜温度:** 生长适温18~28℃。

## 🌿 栽培管理

卡特兰喜湿润的环境，耐寒性较差，生长适温白天为25～30℃，夜间为15～20℃，越冬温度夜间保持在15℃左右比较适宜，白天至少高出夜间5～10℃，在这种环境下，叶与鳞茎呈深绿色，富有光泽，花芽也能顺利生长，花朵盛开，花色艳丽。若温度在10℃左右，则花期推迟，花不能完全盛开，且花期较短。若温度在5℃以下，则叶片呈黄色或变褐色而脱落。

卡特兰喜半阴环境，但它是兰花中比较喜光的种类，如果光线不足，则开花质量差，不鲜艳，叶片变薄变软，假鳞茎细长，生长势减弱，因此应该使光照加强些。不过，夏季必须遮光60%～70%，春、秋季遮光40%～50%，冬季在室内可不遮光。在春、秋生长季节，要求有充足的水分和较高的空气湿度，否则会影响其生长发育，每天应浇水1次，并向植株附近地面洒水或喷雾，以提高空气湿度。

## 🌿 繁殖方法（分株）

繁殖通常采用分株法。一般生长健壮的植株生长3年左右可于春季新芽开始萌动时分株1次，用洁净的剪刀将假鳞茎连接处剪断，每个新株需保留3个以上假鳞茎，这样新株恢复较快，否则开花迟或花朵小。分出的兰根需用消毒水消毒，稍晾干后再栽植。在新根长出之前，要经常并及时向叶面喷水，保持较高的空气湿度，使叶片及假鳞茎不干缩，直到新根长出2～3厘米时才开始浇水。在新根长出之前，切忌施肥。

### 📖 怎样防治卡特兰病虫害？

卡特兰虫害主要有介壳虫、蜗牛等，介壳虫常可诱发煤污病，引起植株枯黄，要及时防治；蜗牛可人工捕杀或用灭螺力等毒饵诱杀。卡特兰的病害主要有叶斑病和叶枯病。以上病虫危害时，可参见本书第一章常见主要虫害及防治（P44～45）。

# 石斛

别名 林兰、石斛兰等

**环境喜好**：夏季喜高温、多湿和半阴的环境，冬季喜凉爽、干燥。不耐寒，耐阴，怕强阳光暴晒。

**适宜土壤**：适宜用蕨根、兰石、树皮碎块，或用疏松、肥沃和排水良好的腐叶土作为栽培基质。

**适宜温度**：生长适温18～30℃。

## 🌿 栽培管理

盆栽石斛宜用排水良好的腐叶土，加蕨根、泥炭藓、树皮块混合即可。上盆时先用碎瓦片垫底，栽时介质不可压得太紧。每1~2年要换盆1次，春石斛宜在春季花谢后换盆，秋石斛既可在春季进行也可在秋季开花后立即进行。换盆时，不可弄断根部，否则遇低温叶片易黄化掉落。

石斛既喜湿润，亦耐干旱，可在室外光线充足处养护，生长期间所需要的光照比一般兰花要强些，兰棚可用竹片、木条或遮阳网遮光，但通常只需遮去30%~40%即可。最好能按季节日照的强弱调节光照，如秋石斛夏、秋季可遮光50%；冬、春季遮光30%。石斛的生长适温18~30℃，高于30℃生长迟缓，低于10℃需要适当的保温措施。

石斛虽较耐旱，但春、夏季节生长旺盛期间应充分浇水，促使假鳞茎快速生长，入秋后要渐次减少浇水量，除施长效性粒肥外，每月浇施1次腐熟豆饼肥稀释液，平时需每隔10~15天喷浇1次速效性肥料，浓度以1500~2000倍液为好。进入冬季以后，则需减少氮肥供应，假鳞茎成熟或冬季休眠时完全停止施肥。

## 🌿 繁殖方法（分株）

石斛花姿十分优美，花期较长，不少种类气味芬芳，深受世人珍爱。此植物野生时附生于森林中的树干或岩石上，种类繁多，如金钗石斛、报春石斛、兜石斛、齿瓣石斛、紫瓣石斛等等。

石斛繁殖以分株为主，每年春季开花后，新芽尚未萌出前最为适宜，将母株切成2~3簇，每簇至少要保持3个以上假鳞茎。春石斛有时老茎上的休眠芽萌发而长成带根的小植株，当长出芽叶3~4片、根长3~5厘米时，自茎节将其切下另行栽植。

# 芍药

别名 将离、殿春没骨花、
白术、婪尾春等

**环境喜好**：性喜凉爽、湿润和阳光充足的环境。耐寒，怕积水，畏风。

**适宜土壤**：怕盐碱土，适宜生长在土层深厚、肥沃、疏松和排水良好的沙
质壤土中。

**适宜温度**：生长适温10~25℃。

## ❧ 栽培管理

芍药喜湿润偏干的土壤，畏潮湿和水渍，水分过多，肉质根易腐烂。芍药较耐旱，但过分干旱也会抑制其生长和开花，家庭栽培以土壤湿润为宜。芍药的生长季节宜保持土壤的湿润，但浇水应间干间湿。秋、冬季节芍药休眠，应使盆土偏干。

芍药喜肥，且对磷钾肥要求较高。盆栽在春季开花前可每间隔15天追施一次充分腐熟的稀薄饼肥水和等量的500倍液磷酸二氢钾液肥，现蕾后施1次速效性磷肥，可使花开得大而色艳。每次浇水施肥后，要及时松土。

芍药喜阳光充足的环境，生长期每天至少要接受4小时的阳光照射。适宜生长温度为15～25℃，较耐寒。长江流域2～3月即会发芽生长，盆栽可放置室外向阳处培养。夏季气温较高时芍药休眠，植株停止生长。庭院地栽夏季中午应遮阳。芍药冬季休眠，庭院地栽可壅土防寒。盆栽者可埋入地下越冬，或搬入0℃左右的封闭式阳台上，使盆土偏干，无需太多的管理。

## ❧ 繁殖方法（分株）

芍药忌春栽，花谚说："春分分芍药，到老不开花。"芍药宜秋季分株栽植，分株时挖出老植株，抖去宿土，依根的走势，带有3～5个芽切开，在芽下5厘米处剪去部分粗根，晾1～2天，待伤口收干后再栽种。庭院地栽宜选背风向阳、土层深厚、地势高环境干燥之处。栽前先将土壤深翻约30厘米，并施入腐熟的有机肥，晒1～2天后，撒入骨粉，再翻耕一次，栽前其上覆一层薄土，以免根系直接接触肥料

而造成烂根。将苗放入栽植穴内，使根系舒展，将表土填入坑内，栽后浇透水，覆土以芽上约4厘米左右为好。

家庭盆栽可用园土、腐叶土、沙，或者用泥炭土、腐叶土、沙、珍珠岩，前者以4：3：3，后者以4：2：3：1的比例进行配制培养土。栽植前施以充分腐熟的堆肥、厩肥和骨粉做基肥。栽植时，根的芽头与土面平齐。

# 风信子

 别名 五色水仙、洋水仙等

**环境喜好**：性喜冬季温暖湿润、夏季凉爽稍干燥和阳光充足的环境。耐寒性强，忌高温，耐半阴。

**适宜土壤**：喜疏松、肥沃和排水良好的沙质壤土。

**适宜温度**：生长适温9～18℃。

## ✿ 栽培管理

盆栽风信子可用腐叶土、园土和河沙各
1/3配制培养土。栽植的深度以盆土表面刚与
鳞茎顶部相齐为度。栽好后放进稍大于盆体的
木箱、木桶内，在花盆周围用潮沙土塞满，堆
至超出盆沿2厘米左右即可，然后将其放入冷
室保持在5℃左右，促使鳞茎发芽生根。当花
茎已长出少许时，将盆移至较温暖处，并逐渐
增温至20℃左右，春末夏初就可见花。夏季
随气温增高，叶片开始枯黄，进入休眠阶段，
此时应将鳞茎从沙内磕出，让其稍风干，即可
放置于阴凉通风处贮存。

风信子生长发育期间，应将盆株置于有阳光的地方，因其爱在潮润环境中生
活，所以要注意经常保持盆土湿润，空气干燥时宜在其周围稍喷些水，以增加空气
湿度。开花前和开花后，都应施1～2次稀薄液肥，以利于开花和促进子球生长。

### ⚅ 风信子怎样水培？

除盆栽外，风信子还可以用水培法进行培育，其做法基本上与养水仙的做法相
同，具体做法是：在秋末选取健壮充实的大鳞茎，直立在浅盆中，周围用小卵石拥
围。倒些清水，放在阴凉的不见光处，最好用黑布罩上盆面，以促使鳞茎生根须。
待根须发出后，揭去面布，将水盆逐渐移至有光照的地方，给予18℃左右的温度，

在这样的条件下经2个月左右即
能开花，开花后将鳞茎栽入土
壤中，待叶片枯死后再挖出来
晾干贮藏。

在水养期间，每隔3～5天
换1次水，换水时注意不要移动
根系，水要从盆沿缓缓注入。
如能在水中加入少许木炭，不
仅可以吸附水体中的杂质，还
可起到消毒防腐的作用。

# 马蹄莲

**别名** 慈姑花、水芋、观音莲、喇叭花、佛焰苞芋、蕃海芋等

**环境喜好：** 性喜温暖、湿润和阳光充足的环境。

**适宜土壤：** 适生于疏松肥沃、富含腐殖质且保水性能好的黏质壤土中。

**适宜温度：** 生长适温10~25℃。

## 🌱 栽培管理

马蹄莲盆栽时，宜选用20厘米左右的深筒盆。培养土宜用肥沃的水稻土，或肥沃的园土、腐叶土、沙以4∶3∶2的比例进行配制，再加少量过磷酸钙的培养土。于早春第一次开花后（或秋季）挖取母株根茎四周萌发的芽球，将3~4个块茎均匀地栽入盆中，覆土3~4厘米厚，盆土面到盆口的距离以3~4厘米为宜。栽种后将土压实，浇足水，放遮阳处，保持盆土湿润。出芽后移至荫棚下、有散射光处养护。它不耐旱，在干燥的环境中生长易出现叶枯黄现象。开花期需要较多的水分。

5~7月，马蹄莲进入休眠期，应少浇水，尽量为其创造一个较为干燥的环境，待叶全部枯黄后，可取出球茎，置于通风阴凉处贮藏，待秋季再栽于盆中。

## 🌱 繁殖方法（分株）

马蹄莲以分株繁殖为主。开花后，将块茎周围着生的小球剥下，分别栽种上盆，经2年的培育即可开花。

### 🔍 盆栽马蹄莲怎样越冬？

马蹄莲不耐寒，一般在10月份寒露节前，将盆株移入室内，控制浇水，保持室温不低于10℃，最低不能低于5℃。每周用接近室温的清水喷洗叶面1次，保持叶片清新鲜绿。如空气干燥，应用水向盆株四周喷雾增湿。冬季注意增加光照。为促进早春开花，可在12月份浇1~2次稀薄饼肥水。

## 睡莲

别名 水百合、子午莲、水浮莲、水芹花等

**环境喜好：**性喜温暖、水湿和阳光充足环境。

**适宜土壤：**适生于富含腐殖质的黏质中性偏碱壤土中。

**适宜温度：**适宜生长温度为15~30℃。耐寒睡莲在深泥层中−20℃不致冻死，热带睡莲不耐寒，生长期水温要保持在15℃以上。

## 🌱 栽培管理

　　缸栽或盆栽睡莲应在每年春季分株换盆1次。换盆时最好选用内径30厘米以上的花盆，这样植株根系才能充分伸展并生长发育正常，叶大、花大。盆土用塘泥土或园土，盆底部先放进少许腐熟的豆饼、蹄片或碎骨块等做基肥。将根茎栽植后，上面盖一层河沙、田泥等表土，浇足水分，待出芽后，再将盆浸入水中，水面略高于土面，放置在通风良好、阳光充足的地方养护，保持水质清洁。

　　睡莲初栽宜浅水，以提高水温，以后随着植株生长和气温上升，叶子伸展时应逐渐加水。夏季生长旺盛，水位可稍深些，最多可灌至水深20厘米，但不可淹没叶面。若要换水，应在清晨进行。

幼苗期宜保持5~10厘米浅水，移植苗宜保持水深15~20厘米。在高温季节，要注意保持盆水清洁。睡莲生长季节，如长势不旺、叶小而薄，要进行追肥。可在根茎旁边埋少许饼肥、尿素或磷酸二氢钾等追肥。

## 🌿 繁殖方法（播种、分株）

（1）**播种**　于3~4月盆播，气温保持25~30℃，约半个月可发芽。待幼苗根长至3~4厘米时，再分栽于盆中。

（2）**分株**　分株一般每1~2年1次，多在3月下旬至4月中旬进行。将根茎挖起，切成6~8厘米长的小段，保证每块根茎上带有两个以上生长充实的芽眼，然后栽植。

### 睡莲病虫害怎么办？

（1）**蚜虫**　睡莲在生长发育期，如果光照不足，通风不良，不仅生长衰弱，且易遭受蚜虫危害。

防治方法：可参见本书第一章常见主要虫害及防治（P44~45）进行防治。

（2）**水螟**　又名棉水螟，幼虫危害睡莲叶片，把叶片咬成大小相同的两片，然后吐丝把叶片重叠在一起，做成一个保护鞘，生活在其中。借助于叶片的保护，能在水面上自由漂浮。保护鞘干后，又另营新鞘。幼虫多在夜间活动取食。8~9月间幼虫老熟，常将两张叶片合拢，随后吐丝结成白色椭圆形茧花蛹。在幼虫发生时应及时用网捕捞在水面的幼虫。

# 荷花

别名 莲花、水芙蓉、六月春芙蕖等

**环境喜好：** 性喜温暖、潮湿和阳光充足的环境。不耐寒，喜肥，怕风和大水淹没。

**适宜土壤：** 适宜生长在富含腐殖质的肥沃黏质壤土中。

**适宜温度：** 生长适温20～30℃。

## 🌱 栽培管理

栽种1周后加少量水，在气温较低、浮叶尚未出现时，缸内培养土距水面只需约2厘米。最初抽出幼嫩小叶，叶柄细长而柔软，叶片浮在水面上，称为浮叶。可随着浮叶的出现和立叶的生长逐渐增加水量。

在荷花生长过程中，要经常察看缸中的水。平时2～3天加水1次，保持4～8厘米已足够。因为水少些，有利于土壤吸收热量，促进新芽萌发。即使在叶子长大以后，也不宜加水太深。合理的做法，应随着浮叶的抽生，逐渐提高水位。在天气炎热季节，水分干得快，要及时加水，要比气温低时的水量多些，次数也应增加至每

天1~2次，且特别要注意保持水质的清洁。秋末长种藕期宜浅水。

家庭缸栽，适宜使用固体肥料。除栽培前用干饼肥及腐熟鸡粪混入培养土做基肥外，生长季节还宜施2~3次追肥。施固体肥料时，可将核桃大的干饼肥埋入盆土中央，避免与花根直接接触（因缸栽莲根茎是沿钵壁周围生长的）。若施用人粪尿液时，须先将盆中水倒干，让它干1~2天后，再施加3倍清水的腐熟人粪尿液，再过两天后加入清水，要特别注意不可把肥液沾在植株上。

## 🌱 繁殖方法（播种、分株）

荷花的繁殖，一般采用分株法为主，但也可用播种法繁殖。

荷花的繁殖环境可分为大田栽种、盆栽或缸栽，目的在于观赏荷花。

分株法缸栽荷花，事前要做好有关准备工作。

采用播种法繁殖荷花，一般在4月上旬进行。荷花的种子即莲子，有极坚硬的种皮。先将选好的良种带皮莲子，用利刀将顶端种皮割去2~3毫米，使水可以浸入，置入水中浸泡2~3天，待种子吸水膨胀后播种于盆中（盆土用老塘泥和园土混合成糊状，并施入干饼肥作基肥），然后将盆浸入水缸，盆面上保持3~4厘米深的水。在25~30℃的温度下，经8~10天，即可发出细芽，以后逐渐长出叶片，到第2年就可开花。

### 🔍 荷花为什么会烂根枯萎？

荷花在栽培中若管理不当，会发生烂根枯萎现象，其原因是荷花喜水，它原是水生植物，正是由于这点很容易使人误解，认为喜水植物供水越多越好，殊不知水过多了，会将植株淹没，而荷花很怕被淹没，淹在水中反而会腐烂死亡。

# 萱草

**别名** 忘忧草、疗愁、黄花、谖草等

**环境喜好：** 性喜温暖、湿润和阳光充足的环境。较耐寒，耐干旱和半阴。

**适宜土壤：** 不择土壤，但在含腐殖质和排水良好的沙质壤土中生长更好。

**适宜温度：** 生长适温15~28℃。

## ❦ 栽培管理

庭院地栽，须深翻土地，施入较多的基肥，以保证其日后生长发育良好。盆栽用肥沃的园土、腐叶土和沙混合成培养土，每盆栽3~5株。每隔2~3年，应挖起宿根整理重栽，否则，会因结根而趋向衰败。地栽其根系有逐年向地表上移的特性，因此，每年秋冬交替之际要注意给根际培土。此法能解决开花少和花朵色泽不鲜艳的问题。地栽雨水即可满足其生长，只有在天气干旱时注意适当浇水。盆栽萱草生

长期，应经常保持盆土湿润，但忌根部积水，花期不能缺水。地栽只要栽前施足基肥，生长期可不必再追肥，待第2年于开花前后各施1~2次稀薄饼肥水，则长势茂盛，花多色艳。盆栽萱草，生长期每月施1次稀薄液肥即可满足生长需要。施肥多会徒长枝叶而不抽茎开花。萱草开花期，只要注意保持土壤湿润就行，特别是盆栽植株花期不能缺水。花谢后及时剪除残花葶，以减少养分消耗。

## ❦ 繁殖方法（分株、播种）

（1）**播种** 宜在秋后进行。种子成熟采下后，要立即播种，约20天可出苗。植株一般需两年才能开花。

（2）**分株** 可于秋季叶片枯萎后，或于春季植株萌发前进行。繁殖时，将萱草老根掘起，剪除枯根和过多的须根，每穴植入3~5个带完整芽头的块根，覆土压实，浇透水，移入遮阳处，保持土壤湿润。

### ▨ 萱草怎样越冬？

萱草耐寒，庭院地栽可露地越冬。盆栽萱草为防止根部冬伤，入冬后要将盆株搬入室内，室温保持在2~4℃为宜，同时要控制浇水，停止施肥，使盆土潮润偏干，以免使叶片发黄和引起烂根。萱草需要经过冬天低温阶段（春化作用），春天才能生长良好。如果盆栽植株冬季放在室内，切忌室温过高，植株得不到充分休息，翌年会生长不好或不开花。

# 大岩桐

别名 落雪泥、六雪尼等

**环境喜好：** 性喜冬季温暖，夏季凉爽、湿润及半阴的环境。不耐寒冷，忌阳光直晒。

**适宜土壤：** 喜疏松肥沃的微酸性土壤。

**适宜温度：** 生长适温20～25℃。

## 栽培管理

大岩桐喜富含腐殖质、肥沃疏松和排水性好的土壤。家庭盆栽可用园土、腐叶土、沙和珍珠岩以2：6：1：1的比例配制培养土，另加少许饼肥末或骨粉做基肥。二年生块茎常用直径12～15厘米的花盆。栽时不宜太深，以栽后不动摇的深度为好，栽植太深，会使生长不良或易腐烂。缓苗后再进行正常管理。

## 🌵 繁殖方法（播种、叶插、枝插、分球茎）

荷花的繁殖，一般采用分株法为主，但也可用播种法繁殖。

（1）**播种**　春、秋两季均可。播种前，先用温水将种子浸泡24小时，以促使其提早发芽。用浅盆或木箱装入腐叶土、园土和细沙土混合的培养土，将土平整后，均匀地撒上种子。出苗后，让其逐渐见阳光。当幼苗长出3~4片真叶时，分栽于小盆。苗期应适当遮阳，避免阳光直晒，经常用水喷雾，以保持较高的湿度。每隔10天左右施1次稀薄的饼肥水。一般播种后6个月可开花。

（2）**叶插**　在花落后，选取优良单株，剪取健壮的叶片，留叶柄1厘米，斜插入干净的河沙中，使叶面的2/3留在地表，适当遮阳，保持一定的湿度，在22℃左右的气温下，15天便可生根，长出小苗后移入小盆。

（3）**枝插**　大岩桐块茎上常萌发出嫩枝，扦插时剪取2~3厘米长，插入细沙或膨胀珍珠岩基质中，注意遮阳，避免阳光直晒，维持室温18~20℃，15天即可发根。

（4）**分球茎**　此法较简便，选择生长了2~3年的植株，于春季换盆前进行。待块茎发芽后，用利刀将块茎分割成块，要求每块都带芽眼，否则仅能生根，不能形成生长枝。分割后，切口涂抹些草木灰，以防止块茎腐烂。

### 📖 大岩桐怎样越冬？

大岩桐不耐寒，在冬季，植株的叶片会逐渐枯死而进入休眠期。此时可把地下的球茎挖出，贮藏于阴凉（温度不低于5℃）微湿的沙中越冬，待到翌年春暖时，再用新土栽植。亦可不将球茎起出，在盆土中休眠。保持盆土稍干燥，放置在5℃左右的环境中越冬。

当然，如冬季温度保持在18℃以上，大岩桐可正常生长开花，应保证充足的光照，中午温度较高时应向其四周喷水，以增加空气湿度。正常进行水肥管理。

## 四季海棠

别名 洋海棠、小海棠、四季秋海棠、玻璃海棠等

**环境喜好**：性喜温暖、湿润和半阴环境。不耐寒，忌高温，怕强光，既怕干燥，又怕积水。

**适宜土壤**：适宜生长在肥沃、疏松和排水良好的沙质壤土中。

**适宜温度**：生长适温15～25℃。

## 🌱 栽培管理

　　四季海棠盆栽宜在春、秋季上盆培养，盆土可用园土、腐叶土和沙以4：4：2的比例进行配制的培养土。当幼苗长出3～4片真叶进行移栽上盆。随着苗株的生长，当出现5～6片真叶时，须进行摘心，以促进分枝。

　　在栽培过程中，一般都要摘心2～3次，使每株保持4～7个分枝。每次摘心后要控制浇水，待发新枝后再追肥。除正常摘心外，在栽培过程中对个别徒长枝要进行修剪，改善株形，并促使侧枝开花繁密。开花后除留种株外，要及时剪去残花及连接残花的一节嫩茎，以促生新枝，待新枝长出后，继续正常管理，10天左右四季海

棠又可继续现蕾开花。

四季海棠喜空气湿润，生长季节为保证有较高的空气湿度，可经常向叶面及盆株四周喷水。浇水应见干见湿，以经常保持盆土湿润为度，但不能使盆土经常过湿，更不能积水，如盆土长期过湿，会引起烂根，甚至整株死亡。

## 🌿 繁殖方法（播种、分株、扦插）

四季海棠的繁殖可用播种法、分株法和扦插法。

（1）播种　一般在早春或秋季气温不太高时进行。由于种子细小，播种工作要求细致。播种前先将盆土高温消毒并整好，然后将种子均匀撒入，压平，再将盆浸入水中，由盆底透水将盆土湿润。在气温20℃的条件下，7～10天发芽。待出现2片真叶时，及时间苗；出现4片真叶时，将多棵幼苗分别移植在口径9厘米的小盆内。春季播种的冬季就可开花，秋季播种的翌年3～4月开花。

（2）分株　宜在春季换盆时进行，将一植株的根分成几份，切口处涂草木灰，以防伤口腐烂，然后分别定植在施足基肥的花盆中。分植后不宜多浇水。分株成活后株形多偏向生长，质量不高。

（3）扦插　四季均可进行，以春、秋两季为最好。夏季高温多湿，插穗容易腐烂，成活率低。插穗宜选择基部生长健壮枝的顶端嫩枝，长8～10厘米。扦插时，将大部叶片摘去，插于清洁的沙盆中，保持湿润，并注意遮阳，15～20天即生根。生根后早晚可让其接受阳光，根长至2～3厘米时，即可上盆培养。也可以在春、秋季气温不太高的时候，剪取8～10厘米长嫩枝，将基部浸在洁净的清水中生根，发根后再移植在盆中养护。

# 小苍兰

别名 香雪兰、小菖兰、洋晚香玉等

**环境喜好：** 性喜凉爽、湿润和阳光充足的环境。秋凉生长，春天开花，入夏休眠。不耐寒冷，亦怕高温酷暑。

**适宜土壤：** 较喜肥，适生于富含腐殖质、保水力强而又排水良好的沙质壤土中。

**适宜温度：** 生长适温10～25℃。

## 🌱 栽培管理

盆栽小苍兰多选择株形丰满的低矮品种，栽培时间一般选择在10月下旬。盆土可用园土、腐叶土、沙以5：4：1的比例进行配制培养土，并加入豆饼或鸡粪做基肥。直径1.5厘米以上的球茎栽后可开花。一般20厘米口径的盆，可种5~8个球，种植后覆土约2厘米，太浅植株长大后容易倒伏。若以栽培小球为目的，应再深一些，栽后20天即可萌发。

为了在植株长大后根部壅土防倒伏，栽种时盆内土面离盆口宜深一些，以便日后根部培土。

## 🌱 繁殖方法（播种、分球）

（1）播种　采初夏成熟种子，干藏于阴凉通风处，于9~10月盆播。

（2）分球　通常母球基部能生出5~6个小子球。秋季，分离这些小球可用于繁殖。稍大的球栽种后次春即可开花，小球需培养一年后才能开花。

## 小苍兰如何越冬？

　　小苍兰不耐寒，冬季来临前须移入室内，放置阳光充足处养护。若气温在3℃左右，小苍兰生长缓慢，此时少浇水使盆土偏干，不施肥。如冬季气温较低，花期也会相应推迟。

　　若冬季室温能保持在10℃以上，小苍兰生长较快，可正常水肥管理，在保证光照充足的情况下，可在3月份开花。若环境温度提高至15℃时，2月中旬即可见花。

# 第四章

# 注重开花，
# 更注重“结果”

# 草莓

别名 洋莓、凤梨草莓、荷兰草莓等

**环境喜好**：性喜温暖、湿润和阳光充足的环境。较耐阴，怕水渍，不耐旱，较耐寒。

**适宜土壤**：适宜在疏松、肥沃和透气良好的沙质壤土中生长。

**适宜温度**：生长适温20~26℃。

## 🌱 栽培管理

盆栽草莓首先要选用肥沃、排水良好的土壤，并加入腐熟的鸡粪或豆饼做基肥。新株上盆宜在9月下旬至10月中旬进行，此时气温适宜，新株上盆后可很快恢复生长。栽植时要把土壤揿实，并要使苗心基部与土表面平齐。若栽植过深，埋没苗心，易导致幼苗腐烂；若栽植过浅，则新茎外露，易干枯。对结过果的老株，要在秋季新根大量发生前，给盆内增加营养土，对过多的匍匐茎，可截取一部分另行上盆。

草莓喜光，要给予充足的光照，否则植株生长旺盛而开花稀少。城市居民放在阳台上养护的，生长期间每7~10天转动花盆1次，使之充分受光，并且更好生长发育和开花结果。盛夏中午要注意遮阳。

## 🌱 繁殖方法（分株）

草莓容易繁殖，主要用分株法。方法之一是在匍匐茎苗具3片叶及较多须根时切断另植。方法之二是将母株上分枝丛生、根系良好的老株带3~4片叶的侧枝分割另植。匍匐茎苗和分株枝上盆后浇透水，并置阴处养护1周后再移至阳光充足处进行正常养护管理。

### 草莓患了病虫害怎么办？

蚜虫、红蜘蛛、草莓壁虱为草莓的主要害虫，吸食植株营养，在天气干燥时最容易发生。防治方法：（1）清除植株附近杂草，消除越冬虫源。（2）注意保护七星瓢虫、食蚜蝇及草蛉等有益虫。（3）药物防治可参见本书第一章花卉常见主要虫害及防治（P44~45）进行防治。

## 金橘

别名 金弹、金柑、羊奶橘、罗浮、牛奶金橘、金枣等

**环境喜好：** 性喜温暖、湿润和阳光充足的环境。较耐寒，稍耐阴。

**适宜土壤：** 适宜生长在肥沃疏松、略带酸性和排水良好的沙质壤土中。

**适宜温度：** 生长适温22～28℃。

## 🌱 栽培管理

　　盆栽金橘应于早春4月上旬（清明过后）移出室外，随后进行修剪，按"强枝轻剪、弱枝重剪"的原则剪去重叠枝、枯老枝、交叉枝和病虫枝，以节省养分、通风透光、促生新枝。5月初植株开始萌叶抽枝时，宜每隔10～12天追施1次稀薄液肥，开始稀一些，逐渐增浓。至6月上旬花叶繁茂之时，应勤施肥、浇水，并要对植株进行摘心，以集中营养促花保果。

　　盆栽金橘要有意识地培育多结秋果供春节时欣赏。7～8月间秋花前要施足肥料，增加坐果率。在盛花期，水、肥宜稍减，待果长至珠子大时再勤施。若植株生长不旺，需进行根外施肥，液肥需施至冬季。

### ⌂⌂ 金橘不结果怎么办？

金橘四季常青，其花芳香，是观花观果花卉中之佳品。秋、冬季节，盆栽金橘金果累累，挂满枝头，十分悦目；在冬季少花的季节里，绿叶丛中挂金色小果，呈现出春意盎然的景象。但此植物在家庭栽培中常会出现开花不结果或既不开花也不结果的现象。这主要是由于栽培管理不当或一些技术措施没能跟上所致，要使金橘不落果，需要做好以下几项工作。

（1）**使用合适的土壤** 要养好金橘，必须使用适合于它生长的土壤，金橘要求疏松、肥沃、微酸性的土壤，应尽量按要求给予满足。要定期松土，增强土壤透气性，这样可使肥水容易渗透全盆，排水通畅，使根系能充分吸取氧气，令根部发达健壮。

（2）**合理供给水肥** 平时浇水，要掌握适度，使盆土经常保持湿润，既不浇水过多，让盆土过湿积水烂根，又不让盆土过干。夏季及干旱天气，要及时浇水，并每天喷水1～2次。在花芽分化期要适当控制浇水量，待上部叶片轻度萎蔫时再浇水，以控制植株过多生长促使花芽分化。春季金橘抽梢时，应每隔10天左右施1次充分腐熟的饼肥水。在夏季初期，每隔7～10天施1次矾肥水，以增加土壤中的酸性。秋天之前，应施足以磷肥为主的肥料，并喷施0.1%～0.2%磷酸二氢钾溶液1～2次，以提高坐果率。冬季时，每半月向叶面喷施0.1%硫酸镁、0.3%尿素、0.2%磷酸二氢钾混合液1次，这样，既可保护叶片浓绿过冬，又可防止幼果脱落，使果实生长健壮。

（3）**及时修剪摘心** 金橘的植株，春季萌发枝叶比较旺盛，一年抽生多次，从春季至夏季挂果之前，需要修剪3次，早春时进行上年结的果实后进行第一次修剪，每根侧枝只保留基部2节，将结果枝的中上部分全部剪去，以促其重新萌发新枝。在4月上旬新生叶片长成后，需对所有新枝进行短截，剪去全枝的1/3～1/2，接着立即加强肥水管理，促使其抽生2次枝。6月上旬还要进行1次修剪，但这次修剪主要是对

2次枝进行一次全面摘心，以促使其抽生3次枝来增大冠幅，以增加着果部位。3次枝形成后，可根据树形大小、枝条强弱情况进行适当疏花疏果，粗壮的枝条上留2～3个果，细弱枝上留1～2个果。

## 无花果

别名 蜜果、底珍树、映日果、青木瓜等

**环境喜好**：性喜温暖、湿润和阳光充足的环境。能耐旱，怕水涝。

**适宜土壤**：喜肥沃湿润的沙质壤土，对其他土壤适应性也较强。

**适宜温度**：生长适温20~30℃。

## 🌱 栽培管理

盆栽时间：一般于春季萌芽前或秋季落叶前均可。

盆栽无花果的培养土采用疏松、肥沃的园土和沙进行混合，同时盆底施入适量的有机肥。也可以用1份园土、2份腐叶土、1份沙、1份干粪混合而成的培养土，并加入蹄片等做基肥。栽植后，截去顶生主干，促进萌发侧枝，枝短则果密。

新上盆的植株需水量较少，故在上盆或换盆时连浇2次水，以后每天浇1次水即可。生长期间，浇水以保持盆土湿润为好，要见干见湿。秋末天气逐渐转凉，应减少浇水。冬季霜降后入室养护，整个冬季浇1~2次水即可。

## ❦ 繁殖方法（扦插）

无花果多采用扦插法进行繁殖。夏季、冬季均可进行。

夏季扦插一般在夏至到小暑这一阶段进行。选取一年生健壮枝，截成15～20厘米长的段子做插穗，扦插后约1个月可生根，然后移栽培育。

冬季扦插是利用无花果在冬季休眠期要进行的一次修剪造型，莳养者利用剪下的枝条，挑选形状好、腋芽饱满的健壮枝，剪成每段长约20厘米的扦穗，然后将扦穗扎捆，进行沙藏，待翌年3月中下旬扦插。扦插前如有条件的将扦插基部在吲哚丙酸或ABT生根粉2000倍液中浸泡5分钟后再扦插，成活率会更高。扦入苗床或盆内，深度占插穗的1/2～2/3。插后浇透水，上面覆盖一层草以保持床土湿润，一般扦插后30天左右可生根发芽。

### 怎样给无花果修剪整形？

盆栽无花果，植株不宜过高，以30厘米高为宜，这就要对其进行精心修剪。修剪在春季的3月进行，当幼苗长到40～50厘米高时，在30厘米高处截顶，待下面腋芽长到3厘米时，仅留顶端3～5个芽作为主枝，其余都剪去。当年7月进行1次摘心，以防枝条徒长。第二年春，在主枝12～15厘米高处再剪短。当新芽萌出3厘米长时，每一主枝上留2～3个芽，其余的芽除掉，7月再摘心1次。经过这样2次修剪，树形就比较短壮、蓬松、美观。

### 无花果患了病虫害怎么办？

无花果抗病能力强，在长期栽培莳养中，尚未发现病菌危害。但是，无花果容易发生虫害，常见的有桑天牛、粉虱、介壳虫等害虫，可参见本书第一章常见主要虫害及防治（P44～45）进行防治。

### 盆栽无花果怎样越冬？

无花果不耐严寒，盆栽冬季搬入室内放向阳处，温度保持在10℃以上，低于10℃则会落叶，但只要保护好根，盆土以上部分即使受冻干枯，翌年春季仍可从基部萌发出新枝。

## 佛手

别名 五指柑、佛手柑、佛手香橼、飞穰、香柑、佛手香等

**环境喜好：**性喜温暖、湿润、通风和阳光充足的环境。耐寒性差，怕霜冻。

**适宜土壤：**喜排水良好、肥沃湿润的弱酸性沙质壤土。

**适宜温度：**生长适温22～30℃。

## 🐦 栽培管理

佛手喜富含腐殖质较多、肥沃、排水良好的微酸性沙质壤土。家庭盆栽多采用风化后的塘泥土或腐叶土，也可以用园土、腐叶土、沙以4：3：3的比例进行配制培养土。栽植时再在盆土中加入适量的磷、钾、钙复合肥做基肥。栽植时，要多留宿根土，尽量少伤根，栽植深度以埋住原植株根际为宜。栽好后，浇1次透水，并放在背阴处养护，待其恢复生长后转入正常管理。

盆栽佛手多采用一二年生的良种嫁接苗，多在春季萌发前栽植或换盆、换土。

佛手喜欢充足的阳光，除盛夏需遮半阴，其他季节，都应把它放在有阳光的地方养护。

## 🐦 繁殖方法（嫁接、压条）

（1）**靠接法** 用2～3年的枸橘实生苗做砧木（事先将枸橘移植于盆内），选1～2年的佛手枝条做接穗，在4～6月份进行。嫁接前，将砧木距盆面10～15厘米处剪去主干，把砧苗在靠近佛手母株适宜处放好，用嫁接刀在砧木平滑的两边自下而上一长一短各削一刀，长的一边削成3厘米左右的盾形切面，短的一边削成较短的马蹄形削口，然后将接穗由下而上带木质部削成比砧木切口稍长的切口，切记不要将削口上层的皮削断，使皮连着，并去掉皮层上的木质部，让切口上的皮层能盖住砧木的短削口。

嫁接时，将砧木靠近接穗的切口，使两者的形成层对准，用潮软的麻皮缠紧，外面缠一层塑料薄膜，以便保湿和保温，经40～50天，伤口即愈合而成活。然后将接穗切断，离开母株，放在遮阳处1周，注意适当浇水。这种靠接法又叫作盖头皮嫁接法。

（2）**压条法** 在5～7月气温较高的时候，压条较易成活。选生长旺盛的较高枝条，在枝条下端由下向上斜向划一刀，深至髓部，用毛毡将枝条伤部包卷成筒形，用绳子将下部扎紧，筒内以培养土充满填实，每天适当浇些水保持湿润，1个月左右即可生根成活。

# 石榴

**别名** 安石榴、丹若、月季石榴、海石榴、天浆、金罂等

**环境喜好：** 性喜温暖、干燥和阳光充足环境。耐寒，耐干旱，怕水涝，不耐阴。

**适宜土壤：** 对土壤要求不严，在疏松、肥沃的土壤中生长良好。

**适宜温度：** 生长适温20～30℃。

## ❧ 栽培管理

　　石榴较耐干旱，怕水涝。盆栽宜经常保持盆土潮润，但不可积水。浇水掌握干透浇透的原则，盆土保持见干见湿、宁干勿湿。开花结果期要严格控制浇水，切忌一见盆土表面干燥就浇水，等其枝叶略有萎蔫时，再浇水不迟，而浇就一定要浇透。如盆土过干，易造成落蕾、干果和落果；盆土过湿，虽然有时并不影响植株的长势，但也易出现落蕾和裂果现象。

　　另外注意，开花期应避免雨淋，否则会引起落花、落蕾。花期浇水时，也不要浇在花瓣上，否则容易引起腐烂。

## 🌿 繁殖方法（扦插、分株）

石榴的繁殖多用扦插法和分株法，也可用压条法。繁殖后，一般3年才能开花结果。

重瓣品种多以扦插为主，于春季剪取前一年的枝条插入沙中，约30天可以生根；夏季取嫩枝扦插，一般半月即能生根。

庭院地栽宜选择位置较高、阳光充足、排水和通风良好的地方。盆栽用腐叶土、园土和沙混合的培养土，并加入适量腐熟的有机肥做基肥。栽后浇透水，放背风向阳处养护，待成活后移至通风、阳光充足处养护。

### 石榴只开花不结果怎么办？

有时栽培的石榴只开花不结果，这应从它的习性上去找原因，并加强管理。

石榴喜欢阳光充足的环境，除夏季特别炎热时可以给予适当的遮阳外，其他春、秋、冬季要尽可能让它接受阳光，尤其在生长季节，有充足的阳光照射，才能生长健壮，花色鲜艳。

石榴较喜肥，若为盆栽石榴，要每年换土，施入骨粉、豆饼渣等肥料做基肥，春季生长期、夏季花蕾开花期和花后结果期都应分别施1～2次稀薄饼肥水，在花蕾期间用0.2%磷酸二氢钾液喷施叶面1次。施肥不宜多，特别是施氮肥不宜过多，否则会引起枝叶徒长，反而不利于挂果。

开花期间浇水要适当减少，不然容易引起落花。一般春、秋季节每1～2天浇水1次，冬季在室内保暖时，要严格控水，每月浇水1次即可。

要进行合理修剪。石榴花一般都着生在当年生的枝条上，这些枝条是从去年的结果母枝上萌发出来的，结果母枝和下面同侧芽都较肥大，从这里抽出的短小新枝就是当年的结果枝。

# 乳茄

别名 黄金果、五指茄、牛角茄、观赏茄等

**环境喜好**：性喜温暖、湿润和阳光充足的环境。不耐寒，怕炎热、干旱和水湿。

**适宜土壤**：适宜生长在疏松、肥沃和排水良好的微酸性沙质壤土中。

**适宜温度**：生长适温20~28℃。

## 🌱 栽培管理

长江以南部分地区可露地栽植，落叶冬眠。其他地区盆栽。待播种苗长至6厘米左右时，可定植在花盆或进行地栽。盆栽用营养土、泥炭土和沙的混合土，外加少量的腐熟饼肥水或厩肥做基肥。以口径20～25厘米的盆为好，一般每盆栽3株，填不足2/3的培养土，以后随着植株长大逐渐再向盆中加土，加土前可在盆面撒少量饼肥末。注意盆不能装满，要留3厘米多的盆沿，以便于松土、浇水、施肥。栽后浇透水，放置背阴通风处缓苗7～10天，缓苗期间经常向叶面喷水，待恢复生长后再进行正常管理。

## 🌱 繁殖方法（播种）

乳茄常用播种法繁殖，在果熟后取出种子，干燥后贮藏，待到春季时播种。

播后稍覆土，保持盆土湿润。幼苗出土后放置较阴处，以后随生长情况逐渐多见阳光，并加强水肥管理，促使苗木成长。

### 怎样给乳茄浇水和施肥？

乳茄进入生长期，要经常保持盆土湿润，开花前浇水要做到间干间湿，这样有利于蹲苗发棵。天气晴好时可每天浇1次水，发现叶片有萎蔫时，可先向叶面喷水，稍后再补水。

移植苗恢复生长后即可施1次薄肥，以后每半月施肥1次。开始以氮肥为主，以帮助幼苗健壮生长。孕蕾开花至结幼果时，增施2～3次磷、钾肥，这样可使果实壮硕，种子饱满。

### 乳茄怎样过冬？

乳茄不耐寒，10月下旬应将其搬入室内，布置在采光处观赏，室温保持在10℃以上，可延长观赏时间。若气温长期低于8℃以下，叶片会泛黄，甚至脱落，植株代谢受阻，果实也会僵化脱落。温度低于5℃时，植株易受冻害。

# 珊瑚豆

**别名** 冬珊瑚、假樱桃、珊瑚樱等

- - - - - - - - - - - - - - - - - - - - - - - - - - - - - - - - - -

**环境喜好**：性喜温暖、湿润和阳光充足的环境。不耐寒，怕积水。适应性较强，生长旺盛，栽培比较容易。

**适宜土壤**：适宜生长在疏松、肥沃和排水良好的土壤中。

**适宜温度**：生长适温度15～26℃。

## 🌱 栽培管理

珊瑚豆盆栽可用园土、腐叶土和沙以5：3：2的比例配制培养土。幼苗上盆后，浇透水，并放置半阴处缓苗，1周后逐渐移至有阳光处接受光照，光照时间开始不要太长，以后可逐渐增长。当小苗长至约15厘米高时，要进行1次摘心，以后随着生长再摘心1～2次，可促使多发侧枝，使株形丰满。当花苗长到约30厘米高时，用较大的花盆进行翻盆定植。翻盆定植时，换上新的培养土，并施足基肥，使更新的盆土有充足的养分，保证新枝更加强健地成长。

入夏以后，因气温高、空气干燥，必须做好3件事：一是要为植株遮阳，防止烈日直晒；二是要经常向植株及其周围地面喷水，以降低温度和增加湿度；三是要预防暴风急雨吹打受损伤。

## 🌱 繁殖方法（分株、播种）

珊瑚豆的繁殖一般采用播种法，可于春季3～4月间进行，只要在花盆中撒上种子，就会迅速出苗。小苗出齐后，若过于稠密影响成长，可进行适当间苗。当小苗长出2～3片真叶时，即可分别上盆。

### 🔲 盆栽珊瑚豆怎样越冬？

珊瑚豆不耐寒，11月份将盆株搬入室内，放置向阳处，只要室温保持8℃以上，则果实能保持半年不凋，低于5℃则会落叶，但植株不会受冻害。

### 🔲 珊瑚豆患了病虫害怎么办？

夏季高温季节，若遇雨淋或盆土过湿，易发生炭疽病，可在入夏后定期喷洒杀菌剂，可用代森锌和托布津等交替使用。

# 柠檬

别名 黎檬、
宜母子、宜母果等

**环境喜好**：性喜温暖、湿润、通风良好和阳光充足的环境。不耐阴，也不耐寒。

**适宜土壤**：适宜生长在土层深厚、疏松肥沃和保水性好的微酸性沙质壤土中。

**适宜温度**：生长适温20～30℃。

## 🌱 栽培管理

盆栽柠檬，选1～3年植株矮小的嫁接苗上盆，才具观赏价值。用实生苗为砧木嫁接成活的，才能培养出茂密而矮小的树形。培养土用园土、腐叶土和沙以5：2：3的比例进行配制。

盆栽的柠檬幼苗，每年要进行换盆，结果的植株两年换盆1次。

为促进花芽发育，使盆株多结果，花蕾期应将新萌发的叶芽全部摘去，同时适当疏花。

### 怎样给盆栽柠檬浇水？

盆栽柠檬的生长期，应注意放置于避风的环境中，经常保持盆土湿润，忌干湿不均，同时在不同生长期要遵循"干花湿果"的原则，即开花季节适当少浇水，坐果及果实旺盛生长期则适当增加浇水次数和向植株叶面喷水，这样做可防止落花、落果。

### 怎样给盆栽柠檬施肥？

盆栽柠檬的施肥也因生长期的不同而有异。营养生长期约10天施1次稀薄饼肥水，宜薄肥勤施。刚发芽时、花蕾期和开花坐果时不宜多施肥。待果实膨大成形后，要追施磷、钾、钙、镁等复合肥。必要时可结合喷水，用0.2%磷酸二氢钾水溶液进行叶面喷施。秋后气温下降后停止施肥。

### 怎样给柠檬修剪整形？

盆栽柠檬，春季萌动前要进行整形修剪，剪去枯枝、病虫枝、徒长枝和过密枝、下垂枝、叉枝，给予透光、通风、养分充足的生长条件，促其开花、结果。

### 盆栽柠檬怎样越冬？

柠檬不耐寒，冬季霜降前后，应将其搬入室内越冬，室温保持5℃以上，长时间低于0℃，会引起冻害。盆土宜湿润偏干，否则会影响其休眠，不利于翌年的生长。

# 朝天椒

别名 樱桃椒、珍珠椒、观赏椒等

------------------------------------

**环境喜好**：性喜温暖、湿润和阳光充足的环境。不耐寒冷和干旱。

**适宜土壤**：对土壤要求不严，但以疏松、肥沃和排水良好的沙质壤土为好。

**适宜温度**：生长适温20～30℃。

## 🌱 栽培管理

朝天椒地栽、盆栽均可。如盆栽可用熟化园土加入适量基肥做培养土，也可用园土、腐叶土、沙以5：4：1的比例进行配制。每盆栽小苗1～3株。如在盆中播种的可播1～3颗种子，应有一定间距，播后浇透水，放置阳光充足、通风良好处。

朝天椒喜湿润至潮湿的土壤，生长期间每天浇水1～2次，保持盆土湿润而不积水。花期适当控水，可2天浇1次，水多容易落花。坐果期要浇水充足，经常保持土壤湿润，过于干燥果色会干黄失色。果实成熟变色后可少浇水，保持盆土湿润即可。

朝天椒喜肥、耐肥，但生长期追肥不宜过多，以免枝叶徒长。朝天椒正常生长发育需要含磷较多的有机肥，为使花多果盛，开花前宜追施1～2次骨粉等含磷的液肥。坐果后，可每10天追施1次稀薄饼肥水，并添加适量过磷酸钙。

朝天椒不耐寒，冬季应放置于8℃以上有散射光的室内观赏。保持盆土稍湿润。只要不受冻，叶片不会枯黄，可观赏至翌年春天。待失去观赏价值后，将种子采收后弃之。

### 怎样给朝天椒修剪整形？

朝天椒长约15厘米高时，要进行摘心，促发果枝，具有连续结果的特性。在生长期，要注意整枝、打杈、抹芽、摘心，维持整齐圆满的冠形，保证良好的通风透光性，能有效提高观赏价值。

为使花多果盛，开花前宜追施1~2次骨粉等含磷的液肥。在开花期，浇水不宜过多过勤，以免落花。浆果的发育和成熟期，应保持盆土湿润，不然果色干黄无光泽。果实成熟后摘下风干贮藏，待来年取出再行播种栽植。

# 第五章

# 散发迷人芳香的草本盆栽

# 矮牵牛

别名 碧冬茄、洋牡丹、香慕花、喇叭花、番薯花、灵芝牡丹等

**环境喜好**：性喜温暖、干燥和阳光充足的环境。不耐寒，忌积水，怕雨涝，在干热天气开花茂盛。

**适宜土壤**：适宜生长在疏松、肥沃和排水良好的沙质壤土中。

**适宜温度**：生长适温10~20℃。

## 🌱 栽培管理

　　矮牵牛盆栽时，宜2~3株栽1盆，移植后恢复较慢，应于苗小时尽早定植。上盆时需注意勿使土球松疏，栽后浇足定根水，以后保持盆土稍湿润即可。小苗长到8~10厘米高时摘心，以促发多分枝。盆土以基肥为主，平时可每隔15~20天施用1次腐熟的稀薄液肥，施肥不宜过量，不然盆土过肥，植株易徒长倒伏。矮牵牛生命力旺盛，较耐修剪，生长期应适当剪枝整形，并予以绑扎，使之整齐美观。花谢后剪去花蕾，促使重新开花。

　　矮牵牛生长期间，如叶片上出现淡黄色，并生有轮纹的大型病斑（此病叫白霉

病），应及时将病叶摘除，并喷洒75%的百菌清700～1000倍液，防止蔓延。

## 🌾 繁殖方法（播种、扦插）

**播种** 通常采用播种繁殖。春、秋季气温在20～22℃时均可播种，一般秋播可在第2年3月下旬开花，春季4月播种，可在8月中旬见花。园艺品种的矮牵牛为杂交种，用自收种子播种，日后苗会出现性状分离现象，故播种繁殖应到园艺公司或花卉市场去购买杂交一代种。

**扦插** 优良品种采种难，可采用扦插繁殖。除夏季高温季节外，随时都可进行扦插，尤以早春和秋凉后扦插为最适宜，生根容易，成活率高。方法是剪取生长健壮、无病害的嫩枝做插穗，长8～10厘米，插穗上部仅留2～3片叶。用素沙与草木灰各半搀匀做基质，扦插深度2～3厘米。

### 📖 用什么管理技术能使矮牵牛多开花？

要使矮牵牛多开花，有下面几项管理工作必须注意做好：

（1）**充足的阳光** 矮牵牛为长日照植物，要求有较强的光照。因此，阳光对这种植物来说是首要的生活环境条件，只有获得充足的阳光，它才能生长茁壮，叶茂花繁，若光照不足，并且夜间温度在10℃以下，它在任何季节都不能开花。

（2）**充足的营养** 矮牵牛要栽培在疏松肥沃、排水良好的沙质壤土中，一般可用沙壤土和腐叶土各半混匀配制。盆栽前，须在盆底放些骨粉、干粪等做基肥，生长期间要每隔10天半个月施1次稀薄液肥，花蕾期间还应施些磷酸二氢钾稀释液，以利多开花。

（3）**及时修剪** 修剪是和施肥一样重要的工作，是为了使养分不白白浪费。

当幼苗长到10厘米左右时就要进行摘心，促使其萌发侧枝，多生花蕾。每次花谢之后，除必要的留种枝外，应及时剪去残花或截枝，这样可促其萌发侧枝，不断开花。

（4）**适量浇水** 掌握浇水量是养好花的一项重要工作。平时浇水要适量，但不可使盆土过湿，因矮牵牛是喜干不喜湿的植物。

# 长春花

别名 五瓣梅、日日草、日日新等

**环境喜好：**性喜温暖、稍干燥和阳光充足的环境。不耐寒，怕积水，忌碱性土壤。

**适宜土壤：**适宜生长在疏松、肥沃和排水良好的土壤中。

**适宜温度：**生长适温18～24℃。

## 🌱 栽培管理

长春花盆栽用富含有机质的园土、泥炭土和沙等量混合的培养土。生长期要进行2~3次摘心，以促进多分枝、多开花。还要注意保证给予植株充足的光照，若长期处在阴暗处，光照不足，会使叶片发黄。如果土壤偏碱板结，渗水不良，通气性差，也会使植株生长不良，叶子发黄且不开花。梅雨季节雨水多，空气湿度大，应将盆株摆放在通风良好的地方，否则，轻者对生长不利，重者萎蔫死亡。

长春花果熟期为9~10月，果实先后不断成熟，果壳易开裂，须及时采收饱满成熟的种子留种。

## 🌱 繁殖方法（播种、扦插）

长春花多用播种繁殖。一般于4月初进行，可露地或盆播，因其主根发达，适于直播。另外，也可用扦插繁殖，于春末初夏取老植株上的嫩枝扦插于沙质壤土中，生根温度20~25℃，待其成活后打顶，以促其多分枝。

### 📖 长春花叶子发黄怎么办？

长春花栽培时容易引起叶色发黄，其原因如下。

（1）光照不足　长春花喜光照充足和温暖的环境，若长期放在室内陈设或放在荫蔽处，很容易引起叶子发黄且不开花。

（2）盆土板结偏碱　长春花喜微酸性土壤，若盆土在偏碱的情况下，加上土质板结，渗水不良，通气性差，温度回升慢，往往影响微生物的繁殖及养分的分解，致使花卉缺乏生长发育所需的各种微量元素，植株会逐渐生长不良，叶子发黄且不开花。如属于这种情况，可改用偏酸性、肥沃且排水性好的土壤。

# 瓜叶菊

别名 富贵菊、千日莲、瓜叶莲、千叶莲、黄瓜花等

**环境喜好**：性喜温暖、湿润和阳光充足的环境。不耐高温，怕雨涝、强光和霜冻。

**适宜土壤**：在疏松、肥沃、富含有机质及排水良好的沙质壤土中生长良好。

**适宜温度**：生长适温10~25℃。

## 🌱 栽培管理

在幼苗长出3~4片真叶时，用竹片轻轻地将幼苗移入浅盆。移苗时宜用腐叶土3份、沙土1份、壤土1份配成的培养土。当苗长有7~8片叶时移入盆径7厘米左右的小盆，盆土用腐叶土4份、沙土2份、壤土2份、饼肥2份配成。经2~3次移植后，于10月中旬翻入盆径为18厘米的花盆。

瓜叶菊喜肥，定植时要施足基肥，盆土以腐叶土或园土加饼肥配制为佳。据有关资料报道，用60份腐叶土、30份园土、6份饼肥粉和4份骨粉的比例混合配制的盆栽土，效果很好。

## 🌿 繁殖方法（播种）

瓜叶菊多用播种法繁殖。若要使其在元旦至春节开花，可在7月上旬或中旬播种。播种宜用细沙土或腐叶土3份加2份沙土混合并经过消毒的培养土。若播于浅盆中，覆土以不见种子为度。播后用盆浸法灌水，然后盖上玻璃，保持盆土湿润（每天可喷水1～2次），在20℃左右的条件下，7～10天即可齐苗。在幼苗长出3～4片真叶时，用竹片轻轻地将幼苗移入浅盆。移苗时宜用腐叶土3份、沙土1份、壤土1份配成的培养土。

### 🔖 瓜叶菊患了病虫害怎么办？

瓜叶菊主要病虫害有白粉病、黄萎病、蚜虫等。

**（1）白粉病** 瓜叶菊在幼苗期和开花期如室温高、空气湿度大，叶片上最容易发生白粉病，严重时可侵染叶柄、嫩枝、花蕾等。初发时，叶片出现零星的、不明显的白斑，发展后整个叶片布满灰白色粉状霉层。植株受害后，叶片、嫩梢扭曲萎蔫，生长衰弱，有的完全不能开花。发病严重时，导致叶枯，甚至整株死亡。

防治方法：室内经常保持良好的通风条件，增加光照；控制浇水，适当降低空气湿度；发病后立即摘除病叶，并及时喷50%的多菌灵1000倍液，或喷加水800～1000倍的托布津液防止蔓延。

**（2）黄萎病** 此病主要由病毒引起。被害植株分蘖性很强，花序展开受压抑，花色变绿，发育不正常，偶尔有花徒长现象。病毒一般由叶蝉传播。

防治方法：生长期间可适当增施钾肥，以增强植株抗病力，减少病毒侵染的机会；喷洒0.5%高锰酸钾水溶液进行消毒，可起预防作用；发现植株染上病毒，应立即拔除病株并烧毁，防止蔓延。

**（3）蚜虫** 瓜叶菊生长期若通风不好，时常会发生蚜虫危害，虫害严重时可参见本书第一章常见主要虫害及防治中的蚜虫防治（P44）进行防治。

# 一串红

别名 爆仗红、西洋红、万年红、墙下红、象牙红等

**环境喜好**：性喜温暖、湿润和阳光充足的环境。不耐寒，忌霜雪和高温干热。

**适宜土壤**：适宜生长在疏松、肥沃和排水良好的沙质壤土中。

**适宜温度**：生长适温16～30℃。

## 🌱 栽培管理

盆栽一串红盆土可用园土、腐叶土、沙以4:3:3的比例进行配制。栽植时要施足腐熟的饼肥做基肥。上盆后，一般摘心2次。第2次应在8月下旬，留16～20个枝，可使其在国庆节开花。

一串红生长前期不宜多浇水（一般2天浇1次），否则叶片会发黄、脱落，浇水要掌握"干透浇透"的原则。要经常疏松盆土，增加盆土透气性，促进根系发育。进入生长旺期，可适当增加浇水量。夏季浇水要及时，如空气过于干燥，易引起落叶落花。

一串红喜肥，生长旺季每月施2～3次腐熟饼肥水，配合叶面喷施0.1%～0.2%磷酸二氢钾液。这样，可使一串红健壮，花期长，花繁色艳。如果需5月1日开花的，在4月5日前摘除花蕾，摘除后最好施些速效化肥。每次花谢后追施1次饼肥末。

一串红温室栽培，要特别注意调节室内温、湿度，使空气保持流通，否则易发生腐烂病及蚜虫、红蜘蛛、白粉虱等病虫害，发现虫害时可参见本书第一章常见主要虫害及防治（P44～45）进行防治。

## 🌱 繁殖方法（播种、扦插）

（1）**播种**　家庭播种可于春季2～3月份在封闭阳台内进行。矮品种一串红一般收集不到种子或种子不能发芽，通常需到园艺公司或花卉市场购买。

（2）**扦插**　扦插苗开花比种子繁殖的实生苗开花要早，植株高矮容易控制。从4月下旬至9月上旬，可结合摘心剪取嫩枝进行扦插。扦插后若气温在20℃左右，一般10天生根，20天后可移植上盆。

## 三色堇

别名 猫儿脸、人面花、蝴蝶花、老头花、猫脸花、鬼脸花等

**环境喜好：** 性喜凉爽的气候和阳光充足的环境。较耐寒，略耐半阴，怕高温和多湿。

**适宜土壤：** 适宜在疏松、肥沃和排水良好的土壤中生长。

**适宜温度：** 生长适温10~20℃。

## 🌿 栽培管理

盆栽三色堇，一般在幼苗长出3~4片叶时进行移栽上盆。移植时需带土球，否则不易成活。盆栽用园土、腐叶土和沙的混合土。幼苗上盆后，先要放背阴处缓苗1周，再移至向阳处养护。除正常浇水、施肥外，要进行松土、摘心，一般早春即可开花。开花时不晒太阳，可延长花期。

三色堇喜湿润的土壤，怕干旱和水涝。盆栽三色堇整个生长期均需保持土壤湿润偏干，切忌大水、土壤过湿。浇水掌握见干见湿的原则。冬季气温较低时应使盆土偏干。

三色堇较喜肥，但对肥料要求不高。一般盆栽成活后应追施腐熟的10倍液态肥。生长旺季，每月施3～4次富含磷、钾的稀薄液肥。如生长期浇水、施肥合理，花大色艳，花期延长。

三色堇生长期间，有时会发生蚜虫危害，可参见本书第一章常见主要病虫害及防治中的蚜虫防治（P44）。

## 🌿 繁殖方法（播种、扦插）

三色堇的繁殖多用播种法，为保留优良品种的特性，也可在初夏进行扦插或压条繁殖。三色堇可四季播种，其种子发芽最适宜温度为15～20℃，所以播种一般以9月份为好。扦插3～7月份均可进行，以初夏为最好。一般剪取植株中心根茎处萌发的短枝做插穗比较好，开花枝条不能做插穗。扦插后2～3周即可生根，成活率很高。压条繁殖也很容易成活。

### 三色堇叶片上出现黄褐色斑怎么办？

三色堇易被炭疽病感染，叶片上出现黄褐色斑，这种黄褐色的圆形斑点会逐渐扩大并连成片，且会出现黑色斑点。炭疽病一般是从老叶开始发病，从6月下旬至8月这段时期空气潮湿时病情加重。防治炭疽病应以防为主：

（1）注意通风透光，降低湿度。

（2）清除病残体并加以彻底销毁。

（3）发病前喷洒160倍波尔多液。每半月喷1次，发病初期喷70%甲基托布津可湿性粉剂1000倍液或50%多菌灵可湿性粉剂800倍液，均可防治。

### 盆栽三色堇怎样越冬？

三色堇小苗可耐0℃左右的低温，在8℃左右时生长有利于形成良好的株形，而且必须经过30～50天的低温环境才能顺利开花。

冬季，三色堇可放置于有光照、0℃左右的阳台上莳养，三色堇冬季生长缓慢，应保证充足的光照，浇水宜见干见湿，盆土不宜过湿，以湿润偏干为好，低温多湿易烂根。

# 金莲花

别名 旱金莲、荷叶莲、旱莲等

---

**环境喜好：** 性喜温暖、湿润和阳光充足的环境。不耐寒，怕涝和高温。

**适宜土壤：** 适宜生长在疏松、肥沃和排水良好的沙质壤土中。

**适宜温度：** 生长适温18～25℃。

## 🌱 栽培管理

盆栽金莲花，宜选用肥沃的园土、腐叶土及河沙以5：4：1的比例进行配制的培养土，另加少量饼肥渣做基肥。生长期应注意将其放置在阳光充足、通风良好处养护；夏季气温高时，需适当遮阳。此外，还需用细竹设立支架，把蔓茎均匀地绑缚

上架，并使叶面尽量朝一个方向，上架前需摘心，留主茎和粗壮侧茎，以促使萌发较多的分枝，达到叶茂花繁的目的。

金莲花一般栽培2年，植株就要更新，因老植株生长不旺，开花不多。金莲花生长过程中，如遇通风不良，茎叶易生蚜虫及白粉虱危害，应注意及时防治。

## 🌱 繁殖方法（扦插、播种）

金莲花常用扦插和播种繁殖。播种可于3月间在室内进行，播后保持18～20℃，约10多天即出苗。扦插全年均可进行，但以春季温度稳定在16℃时为最好。做法是：剪取嫩茎长约15厘米，除去下部叶片，留顶端3～4片，插于河沙或蛭石中，遮阳保湿，15天即发根，25天后可上盆。

### 🈺 金莲花如何越冬?

金莲花不耐寒，盆栽冬季搬入室内，放置向阳处养护，并不定期转动花盆，使植株受光均匀，室温保持在6℃以上可安全越冬。若室温保持在12℃以上，控制浇水，适当施1～2次稀薄饼肥水，可使其正常生长发育。

# 百日草

别名 百日菊、节节高、步步高等

**环境喜好**：性喜温暖、干燥和阳光充足的环境。性强健，耐干旱，怕炎热，不耐寒。

**适宜土壤**：适宜生长在疏松、肥沃和排水良好的沙质壤土中。

**适宜温度**：生长适温18～25℃。

## 🌿 栽培管理

盆栽百日草，宜选用矮生种，用腐叶土、园土、河沙和少量腐熟厩肥等混合配制成的培养土作为基质。平时除注意合理浇水、施肥外，还需及时摘心2～3次，以防止植株长得过高，并促使其多发分枝、多开花，达到株形丰满美观和开花多的目的。夏季高温季节长势变弱，开花不良，但若能继续注意管理，适当浇水，并及时防治红蜘蛛等虫害，立秋后又能继续生长开花。

每次孕蕾期都应施1～2次追肥，使花大色艳。为了使百日草提早开花，供五一节观赏，可于2月初在室内进行盆播，使室温保持在18℃左右，3月中下旬移植1次，4月初定植于中等口径的盆中，4月下旬即可开花。百日草不耐寒，对低温比较敏感，当气温低于13℃时即停止生长，茎叶开始枯黄。

## 🌿 繁殖方法（播种）

百日草繁殖主要采用播种法，宜于4月初播于露地苗床，如播种过早，幼苗生长发育不良。定植时施入腐熟有机肥做基肥，天气干旱时要注意浇水，并及时进行中耕除草。用来切花栽培的宜选用高茎品种，苗期不摘心，以主茎顶端的花做切花用。由于高茎种植株高大，遇大风时茎枝易被折断，故应及时为其插立支柱。

### 百日草叶黄花小怎么办？

百日草栽培得不好，也会出现叶黄花小的现象，这很可能是因为：（1）阳光不足。（2）浇水过多，盆土过湿。（3）温度太高。（4）施肥不当。

须采取的纠正措施是：（1）将花盆从过阴处移至光照较充足处。（2）此花卉较耐干旱，浇水要适度，不使盆土过湿，如多雨和浇水过量，易导致植株细弱，节间伸长，花朵变小。（3）百日草怕高温，夏季炎热时，将其放在凉爽通风处养护，必要时要喷雾降温。（4）5月份开花前，宜施1～2次以磷肥为主的肥水，可保证花大而鲜艳。

# 鸡冠花

别名 鸡冠、鸡冠头、
红鸡冠、鸡公苋、鸡公花等

**环境喜好**：性喜温暖、空气干燥和阳光充足的环境。不耐寒，一旦霜期
来临，植株即枯死。怕涝。

**适宜土壤**：适于生长在疏松、肥沃和排水良好的沙质壤土中。

**适宜温度**：生长适温18～28℃。

## 🌱 栽培管理

鸡冠花喜排水好、疏松、肥沃的沙质壤土。家庭盆栽可用园土、腐叶土、沙以5：3：2的比例配制培养土。上盆时要稍栽深些，以将叶子接近盆土面为准。移栽时不要散坨。栽后浇1次透水，以后注意适当浇水，使盆土稍微干燥，以诱使花序早日出现。

如欲使植株粗壮、花头肥大、厚实、色彩更艳，在花序发生后，可以换用稍大的花盆栽植。但换盆时要注意，切忌散坨，否则缓苗时间长，影响生长发育甚至死亡。

在栽培过程中，为使植株生长较矮，可在苗高12厘米左右时进行1次摘心，这样，一株鸡冠花可开整齐的小花10余朵，也颇有观赏价值。

鸡冠花是异花授粉植物，品种之间容易杂交，使花形、花色发生变异，而失去品种的原有特性。因此，留种的品种开花期要选出隔离。留种时，应采收花序下部的种子。

## 🌱 繁殖方法（播种）

鸡冠花多用种子繁殖。首先要注意选种、留种，应在前一年的秋凉时选朵大、色艳的花，将其绒毛内的紫黑色种子取下晾干收藏，于4～5月播种。播种时间应选

在气温达到20～25℃时为好。鸡冠花种子细小，可混合细沙后播种。播种后镇压，可不覆土。让水从盆底浸入或喷水，保持盆土湿润，但不能积水。经过1周时间发芽后，待长出3片真叶时进行1次间苗（即把过密的小苗拔去一部分，使各小苗间保持3～4厘米的距离），让幼苗适当接受阳光，待苗长至5～6厘米高时进行1次移栽（根部要带土团）。6月初进行定植。

# 蒲包花

别名 荷包花、元宝花、拖鞋花、帽草等

**环境喜好**：性喜凉爽、湿润、通风良好和阳光充足的环境。既不耐寒，又惧高温。

**适宜土壤**：适宜生长在疏松、肥沃和排水良好的沙质壤土中。

**适宜温度**：生长适温10~20℃。

## 🌿 栽培管理

盆栽蒲包花，盆土可用肥沃的园土、腐叶土和沙以2：2：1的比例进行配制的培养土，装盆时加少量腐熟的饼肥和骨粉做基肥。幼苗期注意通风，如果天气闷热，加上盆土过湿，会使植株基部叶片腐烂。夏季中午前后应将盆株移至通风凉爽处。

蒲包花生长季节浇水要适度，平时不宜过多浇，浇水要待土壤表面发白时才进行，并注意"间干间湿"地浇水。经常往盆株周围喷些水，以增加环境的空气湿度，则长势更加良好，若空气干燥，则生长不良，影响开花。

生长期每10天左右施15%饼肥水1次，再间施几次复合化肥。现花蕾后可增施1000倍磷酸二氢钾液1～2次，以利开花和花色鲜艳。每次施肥后要及时浇水和松土，以利于根系发育。

## 🌿 繁殖方法（播种）

蒲包花多用播种繁殖，于8～9月在室内进行。蒲包花因种子细小，播种季节气温较高，播种管理工作要特别精细。

播种用土可选用腐叶土与细沙土混合的培养土，种子播下后覆以一层过筛的细沙，稍许盖住种子，不可太厚。然后将盆底浸水润湿盆土，盆面盖上玻璃，放置阴凉处，约半个月可出苗。待长出3～4片真叶时，可进行移栽。幼苗长出7～8片叶时，可以定植。

### 蒲包花有哪些养护要点？

蒲包花的管理最关键的是要认真掌握干湿度，浇水时要认真防止水分积聚在叶面及芽苞上，否则极易引起烂叶、烂芽、烂心。生长期间空气的相对湿度应不小于80%，若盆土过干，易发生红蜘蛛虫害。中午光线过强时需适当遮阳，要经常开窗使空气流通，保持凉爽的环境，最好将盆株放置在窗口附近，给予较好的通风条件。

生长季节每7～10天施1次稀薄液肥。栽培中若发现畸形苗，要立即拔除。此花自然结实困难，必须进行人工授粉，以提高结实率。在蒴果变黄时，即采收种子干藏，备作秋凉后播种之用。

# 千日红

别名 火球花、杨梅花、千年红、百日红、千日草等

**环境喜好**：性喜温暖、干燥和阳光充足的环境。不耐寒，怕霜雪，不耐阴，忌积水。

**适宜土壤**：适宜生长在疏松、肥沃和排水良好的土壤中。

**适宜温度**：生长适温16～30℃。

## 栽培管理

家庭盆栽千日红，可选用口径15厘米的花盆。盆土用肥沃的园土、腐叶土和沙以5：3：2的比例进行配制的培养土。幼苗带宿土移植。栽后浇透水，置阴凉通风处缓苗，待其恢复生长后，再逐渐移至向阳处进行正常养护。

千日红约在6个月的时间里，要完成一生中的营养和生殖生长的全过程，所以要求高温和阳光充足，故平时可放置在向阳的阳台上莳养。

用抑制栽培的方法可调控花期。于6月播种，8月定植于温室内，10～12月人工补光，则可于12月中旬现蕾开花，供圣诞节、元旦赏花。

千日红主要病虫害有幼苗猝倒病、叶斑病、蚜虫。防治方法：可参见本书第一章花卉病虫害防治（P41～45）进行防治。

## 繁殖方法（播种）

千日红用种子繁殖，9～10月采种，翌年4～5月播种，6月定植。种子为带花被的脆果，外表被毛。播种前用冷水浸种1～2天，可提高出苗率。经浸过的种子，稍晾干拌以草木灰后播种。盆土表面稍干时应及时用细眼喷壶补水，直至出苗。

### 怎样给千日红浇水、施肥？

千日红在春夏之交的营养生长期，可每隔2～3天浇1次水，使盆土经常保持湿润偏干。孕蕾开花期，可适当增加浇水次数，使盆土"见干见湿"。8～9月结合施肥

把水浇透，使盆土经常保持稍湿润，这样，可以延长植株的生长时间，以利观赏。

盆栽千日红幼苗生长前期一般不施肥，待见花蕾后可追施复合肥液2～3次。开花前增施0.2%磷酸二氢钾液1次。若花谢后剪去残花，并适当整枝修剪并多施薄肥，促使萌发新枝，便能于晚秋再次开花。

## 金鱼草

别名 龙头花、龙口花、洋彩雀、狮子花等

**环境喜好：** 性喜温暖、湿润和阳光充足的环境。较耐寒，不耐热，耐半阴。

**适宜土壤：** 喜疏松、肥沃和排水良好的稍黏重土壤，在石灰质土壤中也能正常生长。

**适宜温度：** 生长适温10～25℃。

## 🌿 栽培管理

　　盆栽金鱼草选用矮生或超矮生品种。它是一种较喜肥的花卉，盆栽时基质宜用园土、腐叶土和沙以5：4：1的比例进行配制的培养土，另加少量饼肥和过磷酸钙做基肥。一般选口径20厘米左右的花盆，每盆宜栽3株。幼苗期须经过5℃以下的低温春化阶段才能正常开花。

　　盆栽应选矮种金鱼草。在幼苗期喷洒0.25%比久（B9）液，可达到矮化、花朵紧凑和提早开花的效果。

## 🌿 繁殖方法（播种、扦插）

　　（1）播种　金鱼草的繁殖以播种法为主。播种在8～10月间进行。盆播在15℃条件下，种子10天左右发芽。出苗后注意间苗，当苗长出4～5片真叶时，即应移植1次，苗长约10厘米高时，即可定植。

（2）扦插　对于重瓣不易结实品种及特殊优良品种应进行扦插繁殖。扦插可在6～7月或9月中下旬进行。将健壮枝条截成6～7厘米长的插穗，插于事先准备好的沙质壤土中，扦插深度3～4厘米，放在荫蔽通风处7～8天后生根。

### 金鱼草怎样修剪整形？

为了使金鱼草的高、中型品种能多分枝、多开花，在苗株高约8厘米时即需摘心，长约15厘米时再次摘心。经过2～3次摘心，可使植株矮化、分枝多、多长花穗。如要使植株成为一枝粗壮肥大的花序，可只1次摘心，但要除掉侧芽。主干分枝少会支持不住，随着植株渐大，要及时插竹竿扶持，防倒。

如果植株不作留种用，在开花后应及时将花穗剪除。这样，可使其开花不断。如植株准备作留种用，采种可待花序上大多数蒴果变棕色时再采收。

# 第六章

# 大叔也能玩转的
# 萌宠多肉

# 仙人掌

别名 仙人扇、仙桃、神仙掌、白毛仙人掌等

**环境喜好**：性喜温暖、干燥和阳光充足的环境。喜干热气候，耐烈日和干旱，不耐荫蔽，冬季要求冷凉干燥。

**适宜土壤**：适宜生长在疏松、肥沃和排水良好的沙质壤土中。

**适宜温度**：生长适温度15～30℃。

## 栽培管理

盆栽仙人掌，盆土宜用沙质壤土，或用塘泥掺细沙。上盆时，可用少量干粪做基肥。盆栽后先不浇水，可将其放置在阴凉处，每2～3天往盆株上喷1次水。生长期只要保持盆土稍微潮润即可，浇水要坚持在盆土干时再浇，浇水不能过量，宁干勿涝。如盆土积水，易引起根部腐烂。夏季放在室外养护时，要避免雨水积存盆内，应及时将雨水倒出。

仙人掌上盆或换盆时施足基肥，在以后的管理中可以不再施肥。每年春季出室不宜过早，须待气温较高的5月才能出室，并要将盆株放置在向阳及通风良好地方养护。在盛夏炎热天气，应给予适当遮阳，避免肉质茎被灼伤。

## 繁殖方法（播种、扦插）

仙人掌可用种子繁殖，也可扦插繁殖。播种在秋季浆果成熟后，采下种子，因实生苗生长缓慢，故用播种法者较少。

扦插法繁殖，常年都可进行，即将成熟的茎节切下，放在半阴处晾晒3～5天，待切口处干燥后，插入沙土中，然后将基质浇水至半湿润，经4～5周后即可生长。

### 仙人掌患上虫害怎么办？

仙人掌株形奇特，为幽雅的观赏植物，枝干形如手掌，可离开水和离开土多天不死，因仙人不食人间烟火而得名。但仙人掌常会被介壳虫、红蜘蛛、蛞蝓所危害。

（1）介壳虫　主要有粉蚧和盾蚧。粉蚧常藏在白色棉絮状分泌物中，多集中在茎节的基部吸食汁液。盾蚧多集中在茎叶上中部刺吸危害。若虫初孵出时，可喷洒50%西维因500～700倍液防治。

（2）红蜘蛛　此虫多集聚于植物的幼嫩部位吸取养分，常使茎节脱落或使球体呈现火烧般的黄褐色。发现红蜘蛛，可立即用艾美乐2000倍液喷杀防治。

（3）蛞蝓　该虫常在夜间啃食幼苗及植物的幼嫩部分，可人工捕杀或将生石灰撒在植物周围来防治。

# 仙人球

别名 花盛球、长盛球、草球等

----

**环境喜好：** 性喜夏季温暖、湿润和冬季干的气候，要求阳光充足的环境。耐干旱，稍耐阴，忌阳光直晒，怕积水，不耐寒。

**适宜土壤：** 适宜生长在疏松、肥沃和排水良好的沙质壤土中。

**适宜温度：** 生长适温15～30℃。

## 🌱 栽培管理

春季栽植或翻盆换土。家庭栽培可选用煤渣、腐叶土、园土以1：2：1：1的比例配制培养土。新栽或换盆株应放在背阴处，停几天后浇水。待恢复生长后逐渐移至阳光充足、通风处。

仙人球虽喜阳，但夏季仍需适当遮阳，特别对幼苗和较小的植株要避免夏季中午强烈阳光的直晒，以免发生日灼病。另外，还要防止大雨淋打，以免患腐烂病。仙人球病虫害很少，一般不需特别防护。

家庭养护仙人球，如能用塑料薄膜搭成封闭式小棚，造成高温、高湿环境，仙人球则长得快，色泽鲜亮，开花美丽。

## 🌱 繁殖方法（扦插、嫁接）

仙人球繁殖非常容易，一般以扦插、嫁接为主。扦插可在4～9月进行，从母株上切取子球，晾2～3天再插入沙土中，不需浇水，稍微喷雾供水即可。许多子球在母株上就已生根，故扦插1周即可移栽。

嫁接以5～6月进行为好，嫁接部分愈合快，成活率高。嫁接的砧木一般选用三棱柱，用刀将砧木顶部一刀削平，再将子球底部一刀削平，然后将子球球心对准砧木中心髓部，使其紧密贴住，再用绳子绑牢，置室内通风遮阳处养护即可。

### 仙人球不开花怎么办？

大多数仙人球生长3～4年时便会开花，此植物虽容易莳养，却常常不开花。

（1）阳光　最重要的是要让仙人球有充足的阳光，若长时间将仙人球放在室内莳养，缺少阳光，仙人球就不会开花。

（2）温度　仙人球需要较温暖的环境条件，若环境温度不达20℃以上，也就不能开花。

（3）排水　栽培中要特别重视盆土的排水，可将盆土多掺入一些粗沙，此外，要在盆底填上一层小石粒，保证盆中排水通畅，不会渍水。

（4）施肥　此植物较喜肥，肥料充足时生长较快。成年株最好每15天施1次氮、磷、钾混合肥料。

（5）浇水　不可多浇水，勿使盆土过湿，要掌握宁干勿湿的原则。

做到以上各点，特别是第一点，一般就有可能使仙人球开花。

# 蟹爪兰

别名 蟹爪、圣诞仙人掌、锦上添花、蟹爪莲等

**环境喜好：**性喜温暖、湿润和半阴或散射光照的环境。不耐寒，忌强阳光暴晒。

**适宜土壤：**适宜生长在疏松、肥沃和排水良好的微酸性土壤中。

**适宜温度：**生长适温15～25℃。

## 栽培管理

蟹爪兰，不属兰科，而属仙人掌科蟹爪属，附生仙人掌类植物。原产南美热带雨林，附生于大树干上或阴湿的山谷石缝中。蟹爪兰的叶子已经退化，茎呈扁平状，节节相连，形似蟹爪，故得名蟹爪兰。

蟹爪兰属短日照植物，喜散射光，忌烈日直晒，养护时要注意遮阳，喜湿润，怕水涝，保持通风良好。平时，可10～15天施一次稀薄肥，夏季高温期停止施肥。从立秋到开花前，应肥水不断。开花前增施1～2次速效性磷肥，有利于孕蕾。开花后及夏天高温季节，蟹爪兰进入休眠时，要控制浇水，但要每日为其喷水。蟹爪兰

不耐寒，入秋后要移置室内养护。要想使蟹爪兰这类短日照花卉的花开得茂盛，必须在开花前40~70天期间，每日保证给予12小时以上的连续黑暗环境，这样才有利于花芽的形成，即使搬入室内，也要避免灯光的多余照射，注意遮光。

## 🌱 繁殖方法（扦插）

**扦插**　蟹爪兰的扦插繁殖春、夏、秋3季均可进行，但以春、秋季扦插为好。扦插时，剪下数节不要太嫩的茎片，晾1~2天，待切口微微收干即可扦插。扦插土壤以疏松的沙质壤土为宜，扦插后稍微浇一些水，置于背阴处。以后每隔3~5天浇1次水，保持土壤湿润即可，不可积水，过1个月左右，扦插茎便会发根，萌生新芽。扦插繁殖的蟹爪兰，株形不太美，开花亦不多。

### ❓ 蟹爪兰落花落蕾的三大原因是什么？

（1）遭受寒害　此花原生于热带地域，很不耐寒。若在北方地区种植，至冬季时遇寒流侵袭，满株花蕾受冻后就会纷纷脱落。

（2）浇水不当　对蟹爪兰浇水，应以保持盆土适度湿润为准，特别是在其现蕾之后浇水，一定要见到盆土表土干了再浇，不可连续浇大水，若盆土过湿，就容易引起花蕾脱落。但浇水太少，使盆土过干，也会引起落蕾。

（3）施肥不足　蟹爪兰现蕾的时候，最需要施1~2次磷钾肥的稀溶液，此时养分不足，也会引起落蕾。

## 金琥

**别名** 象牙球、金桶球、无极球等

- - - - - - - - - - - - - - - - - - - - - - - - - - - - - - - - -

**环境喜好**：性喜温暖、干燥和阳光充足的环境。耐半阴，不耐寒，怕烈日暴晒。

**适宜土壤**：适宜生长在疏松、肥沃和含石灰质的沙质壤土中。

**适宜温度**：生长适温20～25℃。

## ❦ 栽培管理

金琥喜含石灰质及石砾的沙质壤土，在肥沃的土壤中生长很快。家庭盆栽可用腐叶土、园土、粗沙及少量陈灰墙屑混合配成培养土，如能在上盆时用些腐熟的鸡粪混入土中做基肥，则生长会更快、更健壮。栽植后应给予充足的光照和良好的通风。

金琥极耐干旱。秋末、冬季、春初气温较低时，金琥处于半休眠状态，应保持盆土干而不燥，干透后可略浇水。春季气温上升后开始生长，此时可适当浇水至保持盆土稍湿润。生长旺盛季节，可经常用喷壶向植株周围喷水以增加空气湿度。

金琥对肥料要求较少，耐贫瘠。但肥料充足，则球体增大较快。可在生长旺盛季节追施2~3次以磷肥为主的稀薄有机肥。家庭培植只要施足基肥，可不必追肥。

## ❦ 繁殖方法（扦插、嫁接）

（1）**扦插**　在生长季节将金琥球体顶部的生长点切除，促其滋生子球，待子球长到直径1厘米左右时，将其切下进行扦插，很容易成活。

（2）**嫁接**　用平接法将子球嫁接在仙人球或生长充实的量天尺上，嫁接后将盆

放置阴凉处，暂不浇水，嫁接后一般约10天，接口愈合成活，此时可去掉绑扎物，逐步见光。嫁接后的小金琥长得快，2~3年可达直径10厘米左右。当金琥生长很大而砧木不能支持时，可将其切下扦插。用这种方法可加速培养成较大型的金琥球。

### 🔲 盆栽金琥怎样越冬？

金琥不耐寒，深秋之后应将盆株移入室内，环境温度保持在8℃以上可安全越冬。如有条件最好能保持室温10℃。温度较低时球体上会产生黄斑，不利于观赏。在人工精心培养下，可以长成巨大的标本球。

## 令箭荷花

别名 孔雀仙人掌、孔雀兰、红花孔雀、荷花令箭等

**环境喜好**：性喜温暖、湿润和散射光照的环境。耐旱，怕涝，怕寒，忌强阳光直晒。

**适宜土壤**：适宜生长在疏松、肥沃和排水良好的微酸性腐叶土中。

**适宜温度**：生长适温20~25℃。

## 🌱 栽培管理

　　盆栽宜选用腐叶土4份、粗沙土1份、园土3份、堆肥土2份混合配制而成的培养土，并放入蹄片做基肥。培养土也可以用泥炭土、腐叶土、沙和珍珠岩以4：2：3：1的比例进行配制。

　　秋末、冬季、春初气温较低时，植株处于半休眠状态，应使盆土偏干。春季气温上升后植株开始生长，可逐渐增加浇水量至保持土壤湿润，浇水注意间干间湿。因令箭荷花喜较高的空气湿度，除浇水外还要经常向植株周围洒水，以增加空气湿度。

　　孕蕾期植株需水量比平时要多一些，此时最好用浇水和喷水轮流进行的方式给

植株提供水分，以保持盆土处于微湿状态。既不可浇水过多，也不能使盆土过干，否则均会引起枯蕾。

秋季浇水同春季。秋末随着气温的降低，逐渐减少浇水量，最后使盆土偏干。

令箭荷花的扁平茎质地柔脆，容易折断，可用竹条做支柱，将其茎均匀地捆绑在支架上。这样既保护了茎片，又可通风透光，利于植株生长、开花。植株生长期可每隔15～20天施1次腐熟的稀薄饼肥水，施肥不宜过多，否则会引起植株徒长，影响开花。过多的侧芽和基部枝芽要及时摘除。现蕾期间应增施1～2次速效性磷肥，可促使花大、色艳。夏季气温较高时停止施肥，秋末气温下降后停止施肥。

生长期间如见叶片发黄，可追施硫酸亚铁500倍液一次，叶色会很快转正常。

## 繁殖方法（扦插、嫁接）

令箭荷花可采用扦插或嫁接方法进行繁殖。扦插繁殖，在每年3～4月间进行为好。首先，剪取10厘米长的健康扁平茎做插穗，剪下后要晾2～3天。其次，插入湿润沙土或蛭石内，插入深度以插至插穗的1/3处为度，温度保持在10～15℃，经常为其喷水，一般1个月即可生根，并进行盆栽。

嫁接繁殖宜在25℃的环境下进行，砧木可选仙人掌，在砧木上用刀切开个楔形口，再取6～8厘米长的健康令箭荷花茎片做接穗，在接穗两面各削一刀，露出茎髓，使之成楔形，随即插入砧木裂口内，用麻皮绑扎好，放置于阴凉处养护，10天左右嫁接部分即可长合，除去麻皮，进行正常养护。

### 令箭荷花不开花怎么办？

（1）**阳光不足**　将令箭荷花移至半阴半阳处养护，使花卉获得较充足的光照。

（2）**肥料不适**　施用氮肥过多，使枝叶生长得过分茂盛，但不利于花芽分化。改换施肥品种，特别在孕蕾期之前，减施氮肥而施用2～3次磷钾肥的稀薄肥液。

（3）**忽视换盆**　初春时换盆，将盆体改大，在盆底施入些腐熟基肥，剪去部分多余的须根，换上养分充足的土壤。

（4）**pH值过高**　土壤的pH值过高，经常浇些矾肥水，减弱土壤中的碱性，即可使令箭荷花恢复开花。

# 条纹十二卷

**别名** 锦鸡尾、十二之卷、蛇尾兰、雉鸡尾、锉刀花等

**环境喜好：** 性喜温暖、干燥和阳光充足的环境。不耐寒，耐干旱和半阴，怕水湿和强光。

**适宜土壤：** 适宜生长在肥沃、疏松和排水良好的沙质壤土中。

**适宜温度：** 生长适温20~30℃。

## 🌱 栽培管理

条纹十二卷春季栽植或翻盆换土。家庭盆栽可用园土和粗沙各半拌和，稍加点骨粉做基肥则更为适宜。上盆时宜浅栽并放置于半阴环境下养护。

条纹十二卷喜湿润的土壤和较高的空气湿度，耐干旱，忌水湿。春季气温上升后条纹十二卷开始生长，可适量浇水至保持盆土湿润偏干，浇水时见盆土干透后再浇。春季时生长旺季，应见干见湿地浇水，同时经常向植株四周喷水以提高空气湿度。夏季条纹十二卷生长停滞，应减少浇水，但仍应经常向植株四周喷水以提高空气湿度。秋末气温下降后逐渐减少浇水，最后使盆土干而不燥。冬季气温较低时应节制浇水使盆土干而不燥。

条纹十二卷不太喜肥，对肥料要求不高，只需每年春季施1～2次薄肥就能满足生长需要。家庭培养只要稍施基肥，日常管理中可不必施肥。

条纹十二卷生长期的病虫害主要有根腐病、褐斑病、白绢病、介壳虫、红蜘蛛等，应注意防治。

## 🌱 繁殖方法（分株）

条纹十二卷的繁殖主要采用分株法。早春换盆时将母株侧旁分生的小植株剥离母体，另找浅花盆栽培即成。除春季外，其他季节也可进行。栽培时不宜太深，上盆后需放置荫蔽处养护。新根生出后逐渐让其见阳光，开始时光照时间不宜太长，以后可逐渐延长。

### 📖 条纹十二卷如何越冬？

条纹十二卷不耐寒，冬季为休眠期。移入室内应保持10℃以上才能安全越冬，但温度不宜超过15℃。

条纹十二卷移入室内应放置在光照充足的窗台或阳台上养护，白天要多给光照，如冬季光照不足，叶片会发红，影响观赏。

# 龙舌兰

别名：龙舌掌、世纪树、番麻等

**环境喜好**：性喜温暖、干燥和阳光充足的环境。适应性强，稍耐寒，耐半阴，耐干旱。

**适宜土壤**：适宜生长在肥沃、疏松和排水良好的沙质壤土中。

**适宜温度**：生长适温15～28℃。

## 🌱 栽培管理

龙舌兰株形较大，可庭院栽植或盆栽观赏。盆栽用腐叶土、沙壤土等量混合后使用，若能加少量骨粉配制，则可使植株生长旺盛。平时放置在阳光充足和通风良好的地方养护。在新叶长得较多时，可将植株基部外沿的枯黄老叶剪除。夏季光线强烈时，要适当为其遮阳或将花盆移至半阴处养护一段时间。

龙舌兰叶片尖端比较尖锐，容易刺伤皮肤，养护过程中应加以小心。

龙舌兰在生长季节，需保持盆土湿润。浇水掌握"见干见湿，盆土不干不浇"的原则，不能使盆土积水，同时还要注意不要把水浇在叶片上。

龙舌兰对肥料要求不高，生长期每月施1次腐熟的稀薄饼肥水或复合花肥液就足够了。施肥时需要注意的是，不要把肥液弄到叶子上，以免引发褐斑病。

## 🌱 繁殖方法（分株）

龙舌兰一般用分株法繁殖，于春季3～4月间将根际处的萌蘖苗带根挖出栽于另处即成，较易成活生长。用幼苗栽培，开花较慢，须经多年后才能开花，开花后会整株死亡。

### 🔖 龙舌兰怎样越冬？

龙舌兰虽然较耐寒，但盆栽在深秋气温开始下降时，应将其搬入室内，放置在光照充足处，保持室温在5℃以上，防止冻伤。如果长时间放置在0℃左右的环境中，叶片易受冻害，叶片尖端会萎缩腐烂。整个冬季保持盆土稍干燥，切忌浇水过多，否则叶片生长柔嫩，会更加容易冻伤。至翌年5月再搬出室外养护。

# 昙花

 别名 月下美人、夜会花等

**环境喜好：**性喜温暖、湿润和半阴环境。不耐寒，忌阳光暴晒。

**适宜土壤：**适宜生长在疏松、富含腐殖质和排水良好的沙质壤土中。

**适宜温度：**生长适温20～25℃。

## 🌱 栽培管理

　　昙花盆栽，宜选用排水良好、肥沃的腐叶土为好，盆土不宜太湿，以不干为度。家庭栽培可用园土、腐叶土、沙以2：2：1的比例配制培养土，或用泥炭土、腐叶土、沙、珍珠岩以4：3：2：1的比例配制。上盆或换盆时皆在2～3天前就要停止浇水，使根系稍呈萎蔫状态，这样栽培时才不致把根折断，避免病菌从伤口侵染，栽后要浇1次透水。

　　昙花喜湿润的土壤和较高的空气湿度，怕水涝。春季气温上升后昙花开始恢复生长，此时可以逐渐增加浇水量至保持土壤稍湿润。夏季宜多浇水，一般2天浇1次，早晚可向植株、地面喷水1～2次，以增加空气湿度。注意浇水次数不宜太多，如盆土长期含水量大，影响土

中氧气含量，致使根部呼吸困难，会造成烂根死亡。夏季还应注意不让暴雨冲淋，以免烂根。秋末、冬季及春初气温较低时，昙花处于半休眠状态，应严格控制浇水，做到盆土不干不浇，干透后略浇水即可。

　　昙花较喜肥，适当施肥，生长旺盛，可使着花累累。一般生长期间每隔半个月施一次腐熟饼肥水并加入硫酸亚铁效果好，现蕾开花期增施一次骨粉或过磷酸钙，如肥水施用得当，可延长花期。

## 🌱 繁殖方法（扦插）

　　昙花一般用扦插法繁殖，在生长季节均可进行，但以5～6月最好。具体做法是：选取一二年生健壮茎做插穗，长10～15厘米，放阴凉处晾2～3天，待剪口干燥后插入盛有蛭石或素沙土的瓦盆中，放在遮阳处，保持18～24℃，隔3～4天喷少许水，经常保持扦插基质半湿润，插后约4周生根，此时可移至弱光处，注意喷水，根长3～4厘米时上盆。用主茎扦插，当年可以见花，用侧茎扦插需2～3年才能开花。

### 🈸 怎样使昙花白天开花？

　　实验证明，用"昼夜颠倒"的方法，完全可让昙花白天开花，使更多的人观赏到它的优美姿态。

　　具体做法是：当花蕾膨大并开始向上翘时，白天把它搬到暗室中，或用黑色塑料薄膜等做个遮光的罩子将其罩住，自晚上7时到翌晨6时，用较强的电灯光照射，经过这样的光照处理，7～10天后，娇羞的昙花就能在白天开放，时间可长达一天。如欲使昙花延缓1～2天开放，可在临近开花的时候，把整个植株用黑罩子罩起来，放在低温环境下，它便可以按照人们预定的日期开花。

# 落地生根

别名 干不死、灯笼花等

**环境喜好**：性喜温暖、湿润和阳光充足的环境。较耐旱、抗热，稍耐寒，不耐水湿。

**适宜土壤**：适宜生长在疏松、肥沃和排水良好的沙质壤土中。

**适宜温度**：生长适温20～30℃。

## ❦ 栽培管理

盆栽落地生根，可用园土、腐叶土和沙土以4：4：2的比例配制的培养土栽植。上盆后，对成长的小苗要及时进行摘心，促进分枝健壮；对较老的植株，基茎已半木质化，脱脚且多弯曲而不挺立；失去观赏价值的，可予以短截，使之萌发新枝。夏季天气炎热，不可让阳光直晒，要注意适当遮阳。其他季节须给予充足的光照，否则叶色会失去青翠绿色的光泽，橙红色的花朵也会失去鲜艳色彩，降低观赏价值。

落地生根虽然稍耐寒，但秋末气温下降后仍要将盆株搬入室内，摆放在向阳的窗台或阳台上养护，室温保持在8℃以上，可安全越冬。

## ❦ 繁殖方法（扦插）

落地生根可用扦插方法繁殖，也可用不定芽繁殖。扦插法是将叶平铺在基质上，只要土壤稍湿润就能逐渐生根，然后将叶切成段，待切口阴干后插入基质中，不久就会生根成长。不定芽繁殖是在母株成熟的叶片上选择较大的幼芽直接割下上盆即可。

### ▨ 怎样给落地生根浇水、施肥？

落地生根生长季节保持盆土稍湿润，浇水不宜过勤，浇水须待盆土干透后再浇，盆土过湿易使茎基腐烂。盆土即使干透了落地生根也不会死亡，干旱的环境会

促新芽萌发，增加观赏性。秋末、冬季和春初气温较低时，该植株处于休眠状态，应保持盆土呈偏干状态。

对家庭盆栽的落地生根，施肥不必过多过勤，否则会造成疯长，不利于室内摆放，还可能导致植株腐烂。一般苗期生长季节，每15～20天施薄肥1次。成形株生长季节一般不需施肥，只要在开花前一个月追施1次复合花肥即可。

# 虎刺梅

别名 铁海棠、麒麟花、虎刺等

**环境喜好：** 性喜温暖、湿润和阳光充足的环境。稍耐阴，耐高温和强光，较耐旱，怕水湿。

**适宜土壤：** 适宜生长在疏松、肥沃和排水良好的沙质壤土中。

**适宜温度：** 生长适温24～30℃。

## 🌱 栽培管理

虎刺梅耐旱怕涝，盆栽时宜用排水良好的土壤，可用肥沃的园土、腐叶土和沙填土以3：4：3的比例配制的培养土。每年春季换盆，常用直径15～18厘米的花盆栽培。

平时放置阳光充足处养护。光照充足，茎生长粗壮，开花多，而且苞片显得格外光彩夺目，花期亦长。如光照不足则花色暗淡，长期过阴则开花少甚至不开花。

虎刺梅生长期浇水要充足，特别是春季生长旺盛期要经常保持盆土湿润，但不可积水，每次要待盆土干后再浇水。花期浇水过多会落花，冬季使盆土偏干为宜。

虎刺梅在4～9月的生长期，每15天左右施稀薄饼肥水或复合肥液1次，以补充盆土的养分，促进生长。夏季高温和雨季要停止施肥。

## 🌱 繁殖方法（扦插）

虎刺梅主要用扦插繁殖，春、夏、秋3季皆可进行，以5～7月最合适。扦插时取健壮枝梢10厘米左右，待切口乳汁干后再插入素沙中，保持基质稍湿润，20℃条件下，约2个月可生根。

### 盆栽虎刺梅怎样越冬？

虎刺梅耐寒性不强，秋末要将盆株搬入室内，放置向阳处，保持环境温度10℃以上，短时间能耐5℃低温，5℃以下叶片易受冻变黄脱落，进入休眠期。冬季切忌低温潮湿，否则植株基部容易腐烂。若能保持室温在15℃偏上，则可不落叶并继续开花。

# 第七章

# 我家的木本花卉
# 是会开花的"树"

## 狗牙花

别名 黄栀子、栀子、白蟾花、山栀子、白蝉、水横枝、玉荷花等

**环境喜好**：性喜温暖、湿润和半阴的环境。不耐寒，不耐干旱，怕积水，忌强光。

**适宜土壤**：适宜生长在疏松、肥沃和排水良好的微酸沙质壤土中。

**适宜温度**：生长适温22～30℃。

## 🌿 栽培管理

盆栽狗牙花宜用肥沃的园土、腐叶土和沙的混合土，加少量腐熟饼肥和厩肥。生长1～2年后翻盆换土1次。换盆时，添加新的培养土和少量基肥，给予较充足的养分。换盆后，将枯枝、弱枝剪去，浇透水，然后将花盆放置在半阴处让其生长。

狗牙花生长期间经常保持盆土湿润，但不可积水。夏季高温期，要经常向植株及其周围淋水，以增加环境的空气湿度。

狗牙花较喜肥，加上花期长，在生长期间，除阴雨天不必施肥外，晴好天气需每隔10天浇1次复合肥水或粪肥水。

## 🌿 繁殖方法（扦插）

狗牙花主要采用扦插法。扦插时间并无严格规定，但最好在6～7月进行，剪取一年生健壮枝8～12厘米，插入湿沙或蛭石中，只需保持基质湿润和注意遮阳，20天左右就可生根成长。

### 🔲 狗牙花如何越冬？

狗牙花不耐寒，在10月下旬，应将盆株搬入室内，放置能照到阳光的窗边或南阳台，在天气晴好的情况下，6天左右浇1次水，注意保持土壤稍湿润。室温宜保持在10～12℃，若温度低于7℃，叶片易发黄脱落；若低于0℃，就会冻伤致死。

# 凌霄

**别名** 紫葳、女葳花、大花凌、茏华、鬼目花等

**环境喜好**：性喜温暖、湿润和阳光充足的环境。较耐寒，耐干旱，耐半阴，忌积水，萌芽力和萌蘖力强。

**适宜土壤**：对土壤要求不严，宜土层深厚、肥沃和排水良好的沙质壤土。

**适宜温度**：生长适温20~30℃。

## 栽培管理

凌霄可庭院栽种，或阳台用木箱、大瓦盆栽培。庭院直接用园土栽种，栽植穴内施入腐熟的厩肥即可。住楼房的家庭栽培凌霄，可在向阳墙角处放置一大花盆，基质用肥沃的园土、腐叶土和沙以5：3：2的比例配制的培养土。搭架让它攀附墙壁生长；或者将花盆置高架上，生长期注意修剪整形，使其成为悬垂式盆景。盆栽还可在夏季将当年生枝留5~6厘米剪断，使其萌发丰茂的枝

叶并多开花，也可绑扎成艺术型支架，以供室内装饰窗台或几案。

凌霄花萌芽力和萌蘖力强，耐修剪。幼株初栽种时适当打顶，可促使地下萌发众多新生枝。搭棚架栽植的，为促其生长旺盛，开花繁茂，可在早春发芽前将纤弱、冬枯及拥挤的枝条剪掉，使之通风透光，以利生长和开花。凌霄花的病虫害较少，但在春、秋干旱季节，枝梢易遭蚜虫危害，应注意及时防治。

### 怎样给凌霄浇水？

庭院地栽的凌霄花，在春季萌动前应浇1次透水，以利发芽。幼株时期因其根系不发达，吸水能力不强，生长期如天气干旱时应适当浇水。成株凌霄因其根系扎入土壤中较深，一般情况下雨水即可满足其生长要求，故平时一般不浇水。

盆栽凌霄，生长期要保证充足的水分供应，经常保持盆土湿润。特别是夏季生长高温期，也正值开花时期，每天早晚都要浇水，但不能使盆土积水或浇水过多。冬季应减少浇水，保持盆土湿润偏干。

### 怎样给凌霄施肥？

凌霄花庭院地栽时，在幼株生长旺盛期可追施2~3次腐熟的液肥。盆栽时，为使其生长旺盛，开花繁密，可在开花前施以氮、磷结合的稀薄液肥2~3次。开花后，仍需要施以氮、磷结合的混合液肥，以促使植株生长繁茂。

# 月季

别名 月月红、
胜春长春花、现代月季等

**环境喜好**：性喜温暖、阳光充足和通风良好的环境。较耐寒，忌炎热、
阴暗潮湿，较耐干旱。

**适宜土壤**：对土壤要求不严，但以富含有机质、疏松肥沃和排水良好、
稍带酸性（pH值6.2~6.8）的沙质壤土为宜，在板结或石
灰质多的土壤中生长不好。

**适宜温度**：生长适温20~25℃。

## 🌱 栽培管理

　　生长期间每隔10天左右施1次腐熟的稀薄饼肥水，生长旺盛期每周施1次，孕蕾
开花期加施2~3次速效磷肥，入秋后也要注意增施磷钾肥，减少氮肥，以控制新枝
生长。浇水要掌握见干见湿原则，每次施肥后都要及时浇水和松土，以保持土壤疏
松，通气良好，促使养分分解和吸收。

　　栽培月季需要经常修剪，促发新枝和不断开花。修剪要结合早春换盆进行，从
基部剪除所有的枯枝、病枝、弱枝及交叉枝，保留3~5枝健壮的主枝，一般生长健

壮的枝条需剪去1/2，生长较弱的枝条应剪去2/3。

月季属强阳性花卉，喜温暖环境，最适温度为20℃左右，在0℃以下会落叶，停止生长。生长期必须给予充足的阳光，否则生长势头衰弱，叶片黄化，花变小，花色暗淡，但阳光暴晒又会对花蕾发育不利。盆栽月季冬季应放在室内的向阳处，晴天应放在室外阳光充足的通风处，不必遮阳。

## ❦ 繁殖方法（播种、嫁接、扦插）

月季的繁殖可以采用播种法、嫁接法、扦插法。播种法适宜于培育新品种，一般不常用。嫁接法虽是繁殖月季花常用的方法，但没有一定经验者很难操作。用扦插法繁殖极易成活。

扦插法分生长期扦插、冬季扦插、水插3种。不论哪种扦插，选用合适的土壤都是很重要的，最好用腐殖土、园土、砻糠灰、河沙等混合而成的疏松培养土。苗床应选在向阳干燥通风处，家庭养花者最好用边高40～50厘米的包装箱盛上30～40厘米厚的培养土，放置在向阳干燥通风处。

生长期扦插的时间，上半年为4～5月，下半年为9～10月，此时气温在20～25℃，不冷不热，适宜扦插。插穗最好在早晨带露水时，选当年生、发育健壮充实、无病虫害、基部鳞片黄而未落的枝条剪取，长度为8～14厘米。最好不用剪刀剪，因为剪刀容易将组织挤坏，可将插穗基部的节从母枝上削下，这种插穗扦插后愈合快，成活率高。

冬季扦插时间在11～12月，花盆宜大、宜深些，若用浅木箱则更适宜。盆土可用沙质的混合培养土，把花盆或浅木箱装满，选向阳避风处埋入地下，使盆面与地面相平。插穗可利用冬季剪下来的枝条，选择充实强壮枝剪成12～15厘米长的段子，下端用利刀削平，插入盆内或木箱内，插入深度约为插穗长的2／3，然后将土按实，浇一次透水。气温接近0℃时，可撒上一层草屑保暖，严寒结冰时，最好还要在盆上再倒盖一个同样大小的盆子，气温升高时掀开，傍晚再盖上。冬季扦插管理简便，成活率高。

水插一般在温热季节进行。将插穗插入广口瓶中，每天换上清洁的水，20天后即可生根。5～6月置于弱光处，7～8月移至阴凉处，水温以20～25℃为宜。待新根长至3厘米左右时即可移栽上盆。

# 玫瑰

别名：徘徊花、刺玫花、红刺梅、梅桂、刺儿玫、野玫瑰等

**环境喜好**：性喜温暖、湿润和阳光充足的环境。耐寒、耐旱，不耐高温和积水，忌盐碱土和生长在荫蔽处。

**适宜土壤**：对土壤适应性较强，但在疏松、肥沃和排水良好、富含腐殖质的沙质壤土或轻黏土上生长最好。

**适宜温度**：生长适温12～28℃。

## 🌿 栽培管理

玫瑰适应性较强，对土壤要求不严，在肥沃的中性或微酸性壤土中生长良好，开花多。栽植前，穴内要施腐熟有机肥做基肥，以后每年当中再施4次肥，即2～3月施1次催芽肥，开花前施1次催花肥，花谢后施1次花后肥，入冬前施1次越冬肥，量可稍多些，以利越冬。盆栽玫瑰，以每10天施1次腐熟的稀薄液肥为宜。

玫瑰耐旱不耐涝，如遇涝时间长，植株下部叶片会脱落，甚至会造成植株死亡。地栽玫瑰平时不用浇水，只在早春及干旱季节适当浇一些。盆栽玫瑰可2～3天

浇1次水，炎夏时应每天浇水。

玫瑰开花时要及时摘花，若不摘花，每年只开1次，摘花次数越多，开花次数越多。摘花一般于每天拂晓花开放时，采摘花蕾刚呈环状者；若花已全开但花心呈黄色者，仍可采；若花全开后花心变红者，则质量较差。

## 🌸 繁殖方法（分株、扦插、嫁接、播种）

玫瑰可采用播种、扦插、分株、嫁接等方法进行繁殖，但一般多采用分株法和扦插法。

（1）分株　可于春季或秋季进行。选取生长健壮的玫瑰植株连根挖取，根据根的生长走势情况，从根部将植株分割成数株，分别栽植即可。一般每隔3～4年进行1次分根繁殖。

（2）扦插　春、秋季均可进行。玫瑰的硬枝、嫩枝均可做插穗。硬枝扦插，一般在2～3月植株发芽前选取二年生健壮枝，截成15厘米的段子做插穗，下端涂泥浆，插入插床中。嫩枝扦插，一般在7～8月间选取当年生嫩枝做插穗，插入插床中。一般扦插后1个月左右生根，然后及时移栽养护。亦可于12月份冬季修剪植株时进行冬插。

（3）嫁接　一般选用野蔷薇、月季做砧木，于早春3月用劈接法或切接法进行。

（4）播种　单瓣玫瑰可用种子繁殖。10月份种子成熟时，及时采收播种，或将种子沙藏至第2年春播种。复瓣玫瑰不结实，因此不能用种子繁殖。

# 杜鹃

别名 映山红、满山红、枞萝花、野山红等

**环境喜好**：性喜凉爽、湿润和阳光适宜的环境。耐寒，亦耐半阴，怕干旱，忌水涝。

**适宜土壤**：在酸性土壤中生长较好，忌碱性及黏性土壤。

**适宜温度**：生长适温15~28℃。

## 栽培管理

　　杜鹃的根系比较细弱，既怕涝，又不耐旱，过干或过湿对植株生长都不利。如果在展叶期缺水，就会使杜鹃的叶色变黄，新叶卷曲，如干得厉害，还会枯死。浇水的时间宜在早晚，特别是炎热的夏季更不宜在中午浇水，因为根部受冷水刺激后会使花卉受到伤害。浇水原则是不干不浇，浇必浇透，严防浇半截水。

　　杜鹃是一种不需要大肥的花，如果肥料施得太多或过浓，反而会对它的生长不利，但要使它花开得多，开得大，还是需要适时适量地施一些肥，所以养花行家总结出了八字的经验，即"干肥少施，液肥薄施"。在一般情况下，1~2年的幼苗可以不必施肥；2～3年的小植株，从晚春或初夏起，可每隔10～15天施1次稀薄饼肥水或稀薄矾肥水；4年以上的植株，可于每年春、秋季各施约20克的干饼肥。6月中旬可施1次速效磷钾肥。

杜鹃的萌发力和再生力很强，每隔1～2年在花谢之后就要换一个比原来大些的花盆，并换上新的培养土。有经验的养花者，常常在换盆的同时进行修枝整形。在进行疏剪时，应剪去过密枝、交叉枝、纤弱枝、下垂枝、徒长枝和病虫枝，这不仅是为了美观，更是为了改善通风透光条件，节省养分，促使主枝强壮，以便尽快萌发新梢，达到花多、花大、色艳的目的。

## 🌱 繁殖方法（扦插）

杜鹃的繁殖可以用扦插、嫁接、压条、分株、播种5种方法，其中扦插法最为普遍。采用扦插繁殖，扦插盆以20厘米口径的新、浅瓦盆为好，因其透气性好，易于生根。可用20%腐殖园土、40%马粪屑、40%的河沙混合而成的培养土为基质。

扦插的时间以春季（5月）和秋季（10月）最好，这时气温在20～25℃之间，最适宜扦插。扦插时，选用当年生半木质化、发育健壮的枝梢做插穗，用锋利的嫁接刀带节切取6～10厘米，切口要求平滑整齐，剪除下部叶片，只留顶端3～4片小叶。购买维生素$B_{12}$针剂1支，打开后把扦插条在药液中蘸一下，取出晾一会儿即可进行扦插。扦插前，应在前1天用喷壶将盆内培养土喷潮，但不可喷水过多。插的深度为3～4厘米。扦插时，先用筷子在土中插个洞，再将插穗插入，用手将土压实，使盆土与插穗充分接触，然后浇1次透水。插好后，花盆最好用塑料袋罩上，袋口用带子

扎好，需要浇水时再打开，浇完后重新扎好。花盆应放置在阳光晒不到的地方，新扦插的盆土在前10天内每天都要喷水，阴天可喷1次，气候干燥时宜喷2次，但喷水量都不宜过多。雨天不喷。10天后仍要经常注意保持土壤湿润。4～5周内要遮阳，直至萌芽以后才可逐渐让其接受一些阳光，一般需2个月才生根，此后只需要在中午遮阳2～3小时，其余时间可任其接受光照。

## 山茶花

别名 茶花、曼陀罗、海石榴、川茶花、晚山茶、千叶红、泽茶等

**环境喜好：** 性喜温暖、湿润和半阴环境。忌高温和阳光直晒，忌干燥和积水，不耐严寒。

**适宜土壤：** 适宜生长在土层深厚、肥沃疏松和排水良好的微酸性沙质壤土中，不耐盐碱土。

**适宜温度：** 生长适温15～25℃。

## 🌱 栽培管理

山茶花对土壤的要求较严，培养土适宜以充分腐熟的腐叶土、园土为主，加上一些堆肥、马粪、河沙，不要用人粪和家禽粪，以免土中含肥量太多。最关键的是山茶花喜酸怕碱，应该用试纸测试培养土的酸碱度，pH值在5～6.5为最适宜，pH值超过6.5的不能用，可以加些硫磺、白矾或硫酸亚铁拌和，以增加酸性。

山茶花虽然是一种喜爱湿润的植物，但却忌积水，这是因为它的根系是细嫩的肉质根，浇水过多、过少都不利于其正常生长，所以浇水必须适量。浇的水最好是下雨时积起来的雨水或池塘里取来的水。如用自来水，可先将自来水在缸（或桶

中放1～2天，让漂白粉挥发、杂质沉淀，同时让水温接近盆土的温度。

施肥要注意适度，不可施得过多，更不能施浓肥。否则，不但不能使花长好，反而会损伤花的根系。山茶花的基肥最好是用有机肥，如经过发酵的禽粪、动物脏器以及豆饼、鱼骨粉等。施用时，可以将其晒干，碾碎成粉末，先与5～6倍的干土混合起来，然后在翻盆装盆土时撒在离植株根部2～3厘米处。

## ❀ 繁殖方法（嫁接、扦插）

山茶花的繁殖方法有多种，但大多采用嫁接法和扦插法。嫁接繁殖又有2种方法：一种是靠接，一种是芽接。

**（1）靠接** 前一年就要选好三四年生、已木质化的野山茶或油茶实生苗作为嫁接砧木上盆，加以精心管理，修枝整形，并把靠根部的早发芽剪去，使植株横向生长。嫁接时，在选定作为接穗的母株旁边放置高凳或木架，将砧木花盆放在架上以靠近接穗。操作时，先在砧木离盆土10多厘米处用经过消毒的锋利小刀刻一个3～4厘米长的"V"形凹槽，再将已选定作为接穗的、和砧木粗细相仿、光滑无节的枝条削出一条"V"形突起，使两者形成层对准合上，然后用塑料薄膜长条从下到上一圈圈紧密扎上，再用绳子绑牢，不使雨水浸入。这样经过3～4个月，砧木和接穗的伤口就会慢慢愈合起来，嫁接苗便成活了。

**（2）芽接** 嫁接时间应在早春或深秋，主要是采取嫩枝劈接的方法。先选好树枝健壮的二年生山茶花实生苗作为砧木，在嫁接前1年的秋天就将砧木植入盆中，准备第2年嫁接时用。操作时，在离盆土10～12厘米处用利刀切断，在断面中间劈一深约1厘米的裂口，再从母株上切取当年生已木质化枝条的顶梢（带2片叶片）做接穗，下端削成楔形，立即将楔形接穗插入砧木裂口，使两者形成层对准，再用塑料薄膜长条自下而上缠紧，用绳扎牢。然后将花盆置于晒不着太阳、淋不着雨的通风荫棚中养护，注意保持空气湿润和适当的温度，经过1～2个月，可先拆除扎绳，再经1周即可慢慢揭去塑料布条，每天向叶片喷2～3次雾状小水珠，接穗嫩芽膨大后停止喷雾，结合浇水隔3～5天浇施1次稀薄液肥，到天气寒冷时停施。

扦插法繁殖大体上和其他花卉的扦插法相同。

# 茉莉花

别名: 玉麝、抹历、抹丽、末利花、茶叶花等

**环境喜好**: 性喜温暖、湿润和阳光充足的环境。怕干旱，怕寒冷，不耐荫蔽。

**适宜土壤**: 在肥沃、疏松和排水良好的微酸性沙质壤土中生长最好。

**适宜温度**: 生长适温25～30℃。

## 🌱 栽培管理

　　茉莉盆栽要求培养土富含有机质，而且具有良好的保水、透水和通气性能，一般可用园土2份、堆肥2份、河沙或谷糠灰1份配成，外加充分腐熟的饼肥、鸡鸭粪等适量，并筛出粉末和粗粒，以粗粒垫底盖面。上盆时间以每年4月份新梢未萌发前最为适宜。按苗株大小选用合适的花盆。上盆时一手扶苗，一手铲填培养土，土盖满全部根系后，将植株稍向上轻提，并把盆振动几下，使土与根系紧密接触，然后用手把盆土压实，使土面距盆沿有2厘米的距离，留作浇水。栽好后，浇定根水，然后放置在稍加遮阳的地方7～10天，避免阳光直晒，以后逐渐见光。

茉莉喜光照，家庭盆栽茉莉应放置在阳光充足处莳养，花谚常说"晒不死的茉莉"就是这个道理。若长期放置在荫处易使叶片变薄，节间变长，开花少。

## 🌿 繁殖方法（扦插、分株）

（1）扦插　生长季节的5～10月都可进行，但以5～6月为好。选取一二年生健壮枝条，剪取长10～15厘米，有4～5个节以及两对以上的芽，切口宜在近节处，剪成斜面（以利扦插），上端留1～2对叶片，去除下部叶片。将插条插入蛭石或沙拌草木灰的基质中，深度为插条的1/2。插后，用细眼喷壶浇透水，放置荫蔽处，保持盆土湿润和周围

空气湿润，20℃左右，1个月可生根。再过半个月可带土移植花盆内。

另外，茉莉也可以进行水插繁殖。方法是：于5～6月，选取健壮的1～2生枝条，剪成长10～15厘米的小段，插入盛有清水的玻璃杯中，深度6～7厘米，放置阳台向阳处，每2～3天换1次水。若温度稳定在20～25℃，10～15天可生根。生根后，将插条栽入花盆中即可。

（2）分株　于春季结合翻盆换土时进行。分株后先放置背阴处，15天可萌发新芽，再逐渐移至向阳处进行正常管理。

### 🔲 盆栽茉莉如何越冬？

茉莉怕寒，在气温下降到6～7℃时应将盆株搬入室内，同时注意开窗通风，以免造成叶子变黄脱落。遇有天气暖时，仍应搬到室外，通风见光。茉莉搬入室内过冬，宜放置在阳光充足的房间里，室温应在5℃以上，每10天左右浇1次水，使盆土微湿。

春季谷雨后移出室内，出房前先在室内向阳处逐渐经受锻炼，慢慢出房，出房后先置背风向阳处，适应室外环境后再进行正常管理。

# 栀子花

**别名** 黄栀子、栀子、白蟾花、山栀子、白蝉、水横枝、玉荷花等

**环境喜好**：性喜温暖、湿润和阳光充足环境。较耐寒，忌强光，稍耐阴，怕积水。

**适宜土壤**：适宜生长在疏松、肥沃和排水良好的微酸性土壤中，忌碱性土壤。

**适宜温度**：生长适温20～28℃。

## 🌱 栽培管理

　　栀子花是典型的酸性花卉。盆栽用松针土或腐叶土、园土、沙和矾肥水残渣以4∶3∶2∶2混合配制成培养土。宜在清明前后上盆。

　　栀子花苗期要注意浇水，生长期保持盆土湿润，浇水以用雨水或经过发酵的淘米水为好。夏、秋季节空气干燥、温度过高时，要经常向叶面及花盆四周喷水，以增加空气湿度。盆栽成株栀子花，生长期保持盆土湿润偏干，现蕾后控制浇水，掌握见干见湿的浇水原则。8月份开花后只浇清水，可适当多浇水。

　　生长季节宜勤施腐熟稀薄液肥。如每隔10～15天浇1次0.2%硫酸亚铁水溶液或

矾肥水，可防止土壤转成碱性，同时又可为土壤补充铁元素，防止栀子花叶片发黄。现蕾前增施磷钾肥，促进开花。现蕾后减少施肥，以免徒长落蕾。

寒露节前，将盆株搬入室内，放置向阳处。冬季严控浇水，但可用清水常喷叶面。若浇水过多、受冻等会引起黄叶现象，所以在冬季养护过程中要特别加以注意。

## 🌿 繁殖方法（扦插）

栀子花的繁殖以扦插法较为方便，扦插一般在5～6月份进行，插条可选用木质化的健壮枝条切取一段，去掉叶片。用12～15厘米口径的小花盆，盆底要开个稍大些的小孔，并盖一块瓦片，上面先铺一层小砖块或陶粒，再加上珍珠岩和草木灰混合的基质，加至八成满后压实，将插条插入，每盆可插5～7条，插后用手指将土压实，再用喷壶喷水，直至盆底有水渗出为止，然后加盖塑料袋保湿。经常打开塑料袋喷水和通风，若空气比较潮湿，也可早些去掉塑料袋。插后几天内要遮阳，家庭盆栽应放在有散射光处，不可让阳光直晒，经30天左右便可长出新根，待发芽后移

至小塑料花盆中让其继续生长，每盆1株，移栽后只要注意水肥管理，便可成长。

栀子花也可用水插法繁殖。做法是：取一年生的枝条，剪取10～12厘米长的段子，留2～4片小叶片，将枝条下端用锋利的小刀削成马蹄形，并将其浸入0.1%高锰酸钾溶液中4～6小时，取出插入清水中，入水长度为插条总长的1/3。用棕色瓶作为容器，每隔1～2天换水1次。也可在木板或泡沫板上钻个小孔，将插穗插进洞孔，而后让其浮于水面，其中插穗长度的2/3需留在浮体上方，1/3插入水中，待根长到1.5～2厘米、单株根数有6～7根时，便可移栽到盆内或地栽。

# 叶子花

<sup>别名</sup> 三角花、室中花、九重葛、三角梅、贺春红、红苞藤等

**环境喜好**：性喜温暖、湿润和阳光充足的环境。不耐寒，耐瘠薄，耐干旱，怕水涝，耐修剪。

**适宜土壤**：对土要求不严，在疏松、肥沃和排水良好的沙质壤土中生长旺盛。

**适宜温度**：生长适温20~30℃。

## 🌱 栽培管理

叶子花根系发达，生长旺盛，盆栽每年需换盆1次，适在3～4月进行。盆土宜用腐叶土、泥炭土、园土和河沙各1/4的比例配制的培养土，栽前盆底可放一些干鸡粪和腐熟的花生饼肥渣做基肥，同时剪去部分老根和朽根。

叶子花性喜光，生长期应保证充足的光照。若光照不足不仅新枝生长细弱，还会影响其开花；若过阴，苞片颜色暗淡，影响观赏。

叶子花生长季节要经常保持盆土湿润，生长旺盛时每天早晚各喷水1次，开花后要减少浇水。夏季供水不足或冬季浇水过量，易造成植株落叶。所以浇水一定要做到适时、适量。冬季在室内可控制浇水，促使植株充足休眠，一般不干不浇。

叶子花施肥要随季节而不同。春季栽植或上盆、换盆时施足基肥。春季出房见新叶长出后开始施肥，每隔15天左右施稀薄液肥1次。生长开花旺盛季节可对叶面喷施0.2%～0.3%磷酸二氢钾液2～3次。秋季气温下降后不施肥。冬季、春初气温较低时不施肥。

## 🌸 繁殖方法（扦插）

叶子花通常用扦插法进行繁殖，5～8月均可进行。扦插时，选择花后木质化枝条做插穗，截成每段约15厘米长，插入插床中。插床要保持湿润，温度需在25℃左右，大约1个月可生根。为促进插穗生根，可用$2 \times 10^{-5}$吲哚丁酸处理插穗。生根1个月后移栽上盆，每盆栽1～3株为宜，注意遮阳，缓苗后给予充足的光照，并进入正常管理。一般第2年即可开花。

### 📖 叶子花如何越冬？

叶子花不耐寒，盆栽入冬前应将盆株搬入室内，放置于室内向阳处，室温保持在7℃以上。冬季在温暖地区，如室温能保持在16℃以上，植株还能开花，此时应把盆株摆放在朝南的封闭阳台，或朝南的玻璃窗内，因为朝南的光线最强，对植物的生长和开花都有利。

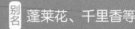

# 金边瑞香

别名 蓬莱花、千里香等

**环境喜好**：性喜温暖、湿润和半阴环境。不耐寒，忌暑热，忌强阳光直晒，不耐水涝。

**适宜土壤**：适宜生长在疏松、肥沃和排水性良好的微酸性土壤中。

**适宜温度**：生长适温18~26℃。

## 🌱 栽培管理

盆栽金边瑞香，培养土宜用肥沃疏松、富含腐殖质带微酸性的腐叶土或山泥（或冻酥的塘泥土），掺拌适量的河沙和腐熟的饼肥进行配制。

金边瑞香为肉质根，平时养护管理要特别注意控制浇水，如浇水过多，盆土长期过湿，易引起烂根。下雨过后，须及时将盆内积水倒掉。夏季高温炎热时要喷水降温。

金边瑞香较喜肥，生长季节应每隔15天左右浇1次稀薄饼肥水。早春现花蕾时追施0.2%磷酸二氢钾液1~2次。花败后仍施稀薄饼肥液。夏季气温高时停止施肥。

金边瑞香虽然喜半阴，但冬、春季应将盆株放置在有阳光照射的环境中培养，

夏季应放置在通风良好的阴凉处。生长期间如光照充足，肥效相宜，能使枝柔叶黛，花艳香浓。

金边瑞香枝干丛生，萌发力较强，耐修剪，开花后须进行整枝。主要是将影响株形的枝条修去，如干枯枝、病弱枝、过密枝、徒长枝等，使株形完美，观赏性强。

金边瑞香不耐寒，霜降后，应将盆株搬入室内向阳处，室温保持在5℃左右。控制浇水，使盆土湿润偏干，可安全过冬。中午气温较高时，可向盆株四周喷雾几次。

## ❀ 繁殖方法（扦插）

（1）**水插法**　水插法繁殖，一般于夏季进行。此时新枝趋于成熟，是水插的良好季节。水插法生根快、成活率高(几乎是100%)，可减少喷水次数。具体方法是：取当年生枝条，长8～12厘米。在剪条的前1天最好在分枝点1～2毫米处用利刀割一圈(切不可用剪刀)，这样可以加速愈合生根。在分枝点环割后，修平伤口，摘去枝条下半部叶片，上部保留3～4片叶，其余都剪掉。然后插在事先准备好的广口瓶中。瓶内灌水约3/4，并滴入2～3滴食醋。插条在水中约1/3，扶直固定。瓶口用纱布蒙住扎紧。插后放在室内窗台上，水量减少时，加水至原来水位。过5天左右，用水向叶面喷雾1～2次，1周换水1次，1个月内即可生根成活，应及时移栽上盆。

（2）**芽插法**　金边瑞香芽插法繁殖，应在春季发芽前进行。插穗选取树冠中、上部当年生充实、健壮枝条，留上部1片叶，芽腋处应有明显芽点，以一叶一芽一段的插条为好。取穗时，须用利刀，从腋芽上部下刀，斜行切断，削成马耳形，注意不要损伤腋芽，以利生根抽芽。用松叶土加30%细沙做扦插基质，便于短插穗的插入固定。需要注意的是，扦插前松叶土和细沙基质须置太阳下暴晒消毒。扦插时插入土中1/2，插后揿实，稍洒水，保持湿润，约40天可生根成活。待生出新枝后，次年春季再移栽上盆。

# 一品红

别名 猩猩木、万年红、象牙红、圣诞花、老年娇等

**环境喜好**：性喜温暖、湿润和阳光充足的环境。不耐寒，怕霜冻，不耐强光暴晒。

**适宜土壤**：适宜生长在疏松、肥沃和排水良好的沙质壤土中。

**适宜温度**：生长适温20～28℃。

## 栽培管理

盆栽一品红，盆土宜用园土7份加腐熟的饼肥及砻糠灰3份混拌，或以园土2份、腐叶土1份和堆肥1份配成。在小苗上盆后，要给予充足的水分，置半阴处1周左右，然后移到室外早晚能见到阳光的地方适应约半个月，再放置阳光充足处养护。苗长至15厘米时须摘心，从基部往上数留4～5片叶，把枝端剪去，使基部长出3～5个侧枝，在枝条长至15～20厘米时，即可开始做弯造型。

一品红为短日照植物，自然开花在12月，如欲使其提前开花，可以通过短日照处理，即从8月上旬开始定时遮光，使植株每天的光照时间缩短到8～9小时，这样，国庆节前夕即可开花。

### 一品红叶片发黄怎么办？

一品红叶片发黄，其原因可从以下几个方面来寻找：（1）因气候干燥，盆土过干。一品红若盆土过干，应每隔1～2天浇1次水，直至深秋时逐渐减少供水。（2）养分供给不足。如花盆太小或较长时间未换盆，或没有增加富有养分的新土，都会使花卉患营养缺乏症，使叶片发黄变薄而无生气。（3）此花性喜温暖，不耐寒冷，在秋季后期气温下降后，容易使这种花难以适应。若系这种情况，可将花盆移至比较温暖的隐风处养护，待到初冬气温进一步下降时，将其移入室内，保持10～15℃室温。

### 一品红如何越冬？

寒露前将盆栽一品红搬入室内，放置能照到充足阳光的地方，室内保持通风，并保持室温15℃以上，低于10℃，基部叶片易变黄脱落。若室内温度不够，可用塑料袋将花盆套上，塑料袋要戳几个孔，以便通气。

## 米兰

**环境喜好**：性喜温暖、湿润和阳光充足的环境。不耐寒，怕干旱和积水，耐半阴。

**适宜土壤**：在肥沃、疏松的微酸性土壤或沙质壤土中生长良好。

**适宜温度**：生长适温15～30℃。

## ❧ 栽培管理

米兰虽喜湿润，但不能过湿，浇水量的掌握要根据季节、天气和生长的不同阶段而定。上盆后，可浇1次透水，放在不被阳光晒到的阴处，米兰在半个月内宜少浇水，以促发新根。要栽培好米兰必须做好如下几项工作：

在春季，米兰要等到气温稳定后才能出房，否则遇上"倒春寒"，易冻坏植株。为保证米兰出房安全，可在出房前进行练苗，如打开门窗，或中午搬出室外，晚上搬回，使其逐渐习惯室外环境，再正常出房培养。进入夏季，米兰植株开始萌动，多数叶芽长出嫩叶时即表明植株生长已进入旺季，这时应将其放在室外的向阳

处，除注意浇水外，还应施一些稀薄的氮肥，促进发枝长叶。生长期内，还要注意追施磷肥，如用骨粉、饼粕、鱼刺等泡制的肥水，以促使生长旺盛和多孕蕾。需注意的是，米兰虽然喜光，但盛夏中午要适当遮阳，以免烈日灼伤叶片。秋后应停止施肥，减少浇水，使组织生长充实，含水量低，从而增强抗寒能力。霜降前需将米兰移入室内向阳处，室温一般保持在10～12℃，目的是不使其顶芽萌动。米兰不耐寒冷，在进入冬季前就要开始加强对植株的控制、管理，以增强其过冬的抗寒能力。如室温低于5℃，要采取保暖措施。整个冬季不需要施任何肥料，保持盆土半墒状态为好。经常用温水喷洗枝叶，以防灰尘沾满叶面。

### ☒☒ 怎样才能使米兰开花多且香味浓郁？

有些家庭的盆栽米兰，开花时花少、香气淡，甚至全无香气，这主要是光照不足、施肥不当等原因造成的。

米兰的特点是喜光喜热，为使米兰花多且具有浓郁的芳香，既要提供18～30℃的环境温度，又要提供充足的光照，温度的高低和光照的强弱可决定米兰开花的多少和花香的浓淡，所以应该将盆栽米兰放置在阳光充足、日照时间长的地方养护，开花期间，每天的光照时间要保持在8小时以上。

米兰开花不多、不香的另一个原因是施肥不当。有些养花爱好者在米兰开花后没有及时施肥，有的则相反，大量施用氮肥，这些都可导致米兰开花少。米兰在下一次开花前，需施以磷肥为主的有机肥料，辅助施以氮肥、钾肥，如果在米兰下一次开花前的十几天施用磷酸二氢钾的1000倍水溶液效果更好。

要使米兰花多香浓，还要注意提供适宜的空气湿度，米兰浇水要见干见湿，每天傍晚用清水喷洗叶面。只要采取了以上几个方面的措施，就一定能使米兰花多、香气四溢。

## 八仙花

别名 绣球花、阴绣球、草绣球、聚八仙、斗球等

**环境喜好**：性喜温暖、湿润和半阴环境。较耐寒，怕水湿和干旱。

**适宜土壤**：适宜生长在疏松、肥沃和排水良好的沙质壤土中。

**适宜温度**：生长适温18~28℃。

## 🌱 栽培管理

盆栽八仙花，一般每年要翻盆换土1次，以春季萌芽前进行为宜。培养土可用园土、腐叶土和沙以5∶4∶1的比例进行配制，栽前再加入适量腐熟饼肥做基肥，并对植株的根系进行修剪，剪去腐根、烂根及过长的根须。栽后浇透水，放置庇荫处养护10天左右，然后移至有一定阳光处进行正常管理。

## 🌱 繁殖方法（扦插、分株）

八仙花繁殖并不困难，可用扦插法或分株法进行繁殖。扦插宜在春、夏时进行，用一年生枝条截成10~15厘米长的段子做插穗，插在沙床中，约20天生根，然后移植在盆中培养。分株繁殖宜在早春植株萌发前进行，可根据母株根势将其分成数株，剪除朽根和过长根，移植于事先准备好的盆中进行培育管理，同时进行修枝。

### 八仙花如何越冬？

八仙花虽然较耐寒，根部可耐-10℃低温，但温度低于5℃时，叶片即开始发黄枯萎。所以霜降前应将盆株搬入室内，放置室内向阳处，室温保持在8℃左右，盆土以潮润偏干为好，切忌盆土过湿，否则易引起烂根。入室前可摘除叶片，以免烂叶。第2年谷雨后出室为宜。

# 扶桑

别名：大红花、佛桑、朱槿、木菊、红槿、桑槿等

---

**环境喜好**：性喜温暖、气候湿润和阳光充足的环境。不耐寒，不耐阴，怕干旱。

**适宜土壤**：适宜生长在肥沃、疏松的微酸性沙质壤土中。

**适宜温度**：生长适温20～30℃。

## 🌿 栽培管理

栽植或换盆一般在春季萌芽前进行。盆土可用疏松的沙质壤土，掺拌10%腐熟的饼肥或干粪，或用腐叶土或泥炭土、园土、河沙以3∶6∶1的比例混合配制的培养土。栽植时，盆底放一些骨粉或少量饼肥渣做基肥。栽植后浇透水。

扶桑根系发达，一般每年换盆1次，换盆时要去掉宿土，剪去腐烂根和过多过长的根系，以促进新根发育。同时对植株进行修剪整形，保持美丽的株形。

## 🌿 繁殖方法（扦插、压条）

扶桑可用扦插和压条法繁殖。扦插可结合早春修剪老枝或5～6月份嫩枝扦插。北方常用压条法繁殖。于6月份进行。选取二年生健壮的枝条，在中间用刀刻伤，伤口用石子夹住，再将花盆固定在枝条伤口处，填上培养土，压实并浇透水。在保证盆土湿润的情况下，9月份即可与母株分离。

### 🔖 盆栽扶桑如何越冬？

扶桑不耐寒，冬季温度不低于10℃可安全越冬。移入室内后，可放置在向阳处的窗台上莳养。此时生长极慢，应减少浇水，以保持盆土微湿润为度，并经常用接近室内温度的水喷洒叶面。保持室温10℃以上为宜，温度最低不得低于6℃，最高不得超过15℃。否则植株得不到充分休眠，影响来年的生长和开花。

# 茶梅

**别名** 小茶梅、茶梅花、海红花等

**环境喜好**：性喜温暖、湿润和阳光较为充足的环境。较耐寒，怕强光和干旱。

**适宜土壤**：适宜生长在肥沃、疏松和排水良好的酸性沙质壤土中。

**适宜温度**：生长适温15～28℃。

## 🌿 栽培管理

盆栽茶梅浇水以保持盆土湿润又不积水为宜。浇水掌握"干透浇透、见干见湿"的原则。盛夏除每天早晚浇水、向叶面雾状喷水外，还要经常向盆株四周洒水，以保持环境湿度。

施肥宜清淡，特别在幼苗期。一般2～3月间，施1～2次饼肥水促枝叶生长；4～5月间，施1次复合液肥促花芽分化；9～10月间，施1次磷肥促其开花好，且有利于过冬。有条件的，可于生长期在花盆周围掏沟，少量施些腐熟的麻酱渣等固体肥料，施后覆土。

## 🌿 繁殖方法（扦插、嫁接、压条、播种）

茶梅可用扦插、嫁接、压条和播种等方法繁殖，家庭一般多用扦插繁殖。

扦插在5月进行，插穗选用5年以上母株上的健壮枝，基部带踵，剪去下部多余的叶片，保留2～3片叶即可。也可切取单芽短穗做插穗，随剪随插。插床要遮阳，经20～30天可生根，早晚逐步透光。幼苗第2年可移植或上盆。

### 盆栽茶梅如何越冬？

茶梅虽然较耐寒，地栽植株冬季短期内可耐10℃低温，但盆栽茶梅在冬季为防

止根部冻伤，应将盆株搬入室内，放置阳台或能照到阳光的窗边，以接受阳光照射，加强光合作用，促进植株营养生长和生殖生长，室温以3～6℃为宜，忌超过7℃。切忌缺水干燥或过湿，室内温度避免时高时低。开花后，室温保持8～10℃即可，环境温度低可延长花期。

## 紫薇

别名 满堂红、百日红、怕痒树、光皮树等

**环境喜好**：性喜温暖、湿润和阳光充足的环境。较耐寒，耐干旱，怕积水，稍耐阴。

**适宜土壤**：对土壤要求不严，但在肥沃、疏松和排水良好的沙质壤土中生长为好。

**适宜温度**：生长适温15～30℃。

## ❧ 栽培管理

　　春季或秋季落叶后栽植。紫薇对土壤要求不严，地栽只要排水良好的土壤就能"安居"，在石灰性土壤中会生长得更好，故家前屋后皆可种植，若有条件，宜栽种在背风向阳、高燥之处。盆栽紫薇，可选用腐叶土、园土和沙以3：3：3的比例配制培养土，栽前加入适量腐熟的厩肥或复合肥做基肥。

　　紫薇喜阳光充足的环境，生长期阳光越充足，开花时花朵就越鲜艳。盆栽者应将盆株放置在日照长的地方莳养，让其多接受阳光，使新枝抽生健壮，开出较多的艳丽花朵。

## 🌿 繁殖方法（播种、扦插）

紫薇繁殖通常采用播种、扦插2种方法。

**（1）播种** 在10月份种子成熟时及时采收晾干，用小布袋装好放在通风干燥处贮存，到来年3月份时放入40～50℃温水中浸泡2～3天，捞出后稍晾片刻。播种是在室外露地播植，先将苗床泥土锄松整平，按行距20～25厘米开好播种沟，沟深约3厘米，每隔3～4厘米撒1～2粒种子。播后盖沟、浇水，注意遮阳，保持湿润。经50天左右苗可出齐，此时浇1次透水，并进行中耕锄草，尤其要做好间苗工作，苗距10～15厘米。1年后可长至20～30厘米高，第2年即可开花。

**（2）扦插** 扦插时间一般在4月下旬。冬剪时把上年生、开过花的粗壮枝条剪下插于土壤中，然后浇水，使土壤保持湿润。翌年谷雨后将其挖出，剪成长15厘米左右的插穗，插入预先准备好的疏松沙质壤土中，苗距15～20厘米，深度为插穗长的2/3，插完后浇1次水，然后盖一层约5厘米厚的细土。若不下雨，10～15天后浇水1次，约经40天即发芽。5月份开始为其遮阳，到7月份苗可长30厘米左右高，此时要进行锄草松土，待至10月份，当苗长至50～60厘米高时，浇1次腐熟液肥后过冬。来年3月份时，将苗的上部枝条剪去，留约30厘米高，带根移植，栽好浇足水后第2天将土踏实，以后注意浇水及施肥，当年即可开花。

### 🔖 紫薇如何越冬？

紫薇耐寒，我国北方栽植，只要在越冬前裹草保护就可露地越冬。盆栽入冬前搬入室内向阳处，室温保持在5℃以上，温度不宜过高，否则会提前发芽，影响春季生长。要严格控制浇水，只能在盆土干燥时适当浇些，使盆土稍湿润。至翌年3～4月春芽萌动前浇1次透水并搬至室外养护。

# 桂花

别名：木犀、月桂、九里香、金桂、岩桂、丹桂、金粟等

**环境喜好：** 性喜温暖、湿润和阳光充足环境。不耐严寒，稍耐干旱，忌积水，耐半阴。

**适宜土壤：** 适宜生在土层深厚、肥沃和排水良好的微酸性土壤中。

**适宜温度：** 生长适温15～26℃。

## 栽培管理

桂花大多露地栽植在庭院之中，近年来盆栽逐渐时兴。桂花适应性较强，对土质要求不严，但仍以菜园腐殖土、马粪（或堆肥）及少量河沙拌和的培养土为好，若施些腐熟的豆饼及骨粉做基肥更佳。盆栽桂花到第2年秋天要换盆，以瓦缸或大一些的瓦盆为宜。换盆时，起苗尽量不要损伤根，除去部分宿土，换上新的培养土，并放入少量基肥，栽植时要注意使根系在盆内舒展开，不可窝在一处。栽好后，要

摇振花盆，使培养土与根系密切接触，然后浇1次透水。至霜降时，将盆置于室内。在上盆和换盆的初期，浇水不可太多，以防烂根。室内温度应保持在5～10℃，温度过高不利冬眠，温度低了则易受冻。

冬季时植株处于半休眠状态，浇水保持盆土稍潮润即可，不宜过湿。春天3～4月间抽发春梢，此阶段要注意管理，惊蛰之后可逐渐让桂花幼苗接受阳光，但正式出室不宜过早，需到5月再移到室外，放置于背风向阳处。夏秋季节宜置于阳光充足处，不需遮阳，晴天气候干燥时，每天要浇1～2次水，每周浇1次腐熟的稀薄豆饼肥液或腐熟的畜粪稀薄肥液，但氮肥不宜过多，否则会使枝叶徒长，影响开花。5～8月应逐渐增加液肥的浓度，并且多施磷钾肥，以保证花芽分化。开花前2周和开花后2周可施干肥（酱渣或鱼粉等）50～100克。9～10月进入花期后，肥和水都要相应减少，保证土壤不过分干燥即可。霜降后再移入室内。

## 🌼 繁殖方法（分株、扦插）

（1）**分株**　分株在开花后进行，一般在10月份，这时温度适宜，分株效果最好。在分株前2～3个月，就要从株丛中认定长有侧须和根须的苗株，在母株和幼株连接处进行半切离操作，使须根进一步发达、健壮起来，以便全切离后能够成活。秋季切离时，最好让幼株根部连带部分泥团，取出后立即栽上。栽后只要注意水分供给适度，不使过干或过湿，便能迅速成活，且成活率很高。

（2）**扦插**　扦插繁殖操作简单，省工省时，繁殖量较大，特别适合家庭采用。扦插繁殖最关键的是插枝的选择。在选剪插枝以前，应精心培育母本树，促使其萌发较多的健壮枝条。在秋季花谢后和早春萌发新枝前加强修剪工作，并于冬季施足基肥。开春后每隔2～3周施1次追肥，这样，在6～8月时就可以剪取强壮的半成熟枝作为嫩枝扦插的插穗，接着到9～11月又可剪取成熟的枝条作为硬枝扦插的插穗。选插穗时，要避免选用徒长枝、纤细枝、内膛枝和病枝。

## 玉兰花

**别名** 白玉兰、木兰、应春花、玉堂春等

**环境喜好**：性喜温暖、湿润和阳光充足的环境。较耐寒，稍耐阴，成年树更喜光照，较耐干旱，怕积水。

**适宜土壤**：适宜生长在肥沃、疏松和排水良好的微酸性沙质壤土中。

**适宜温度**：生长适温16～28℃。

## 🌱 栽培管理

　　玉兰花较喜肥，但忌大肥，生长期一般施两次肥即可，一次是在早春时施，再一次是在5～6月份进行，肥料多用充分腐熟的有机肥。新栽植的树苗可不施肥，待落叶后或翌年春天再施肥。玉兰花的根系为肉质根，不耐积水，开花生长期宜保持土壤稍湿润。入秋后应减少浇水，以延缓玉兰花生根，促使枝条成熟，以利越冬。冬季一般不浇水，只有在土壤过干时浇1次水。玉兰花枝干伤口愈合能力较差，故一

般不进行修剪，但为了树形美观合理，对徒长枝、枯枝、病虫枝以及有碍树形美观的枝条仍应在展叶初期剪除。

## 🐛 繁殖方法（嫁接）

玉兰花多采用嫁接法繁殖，嫁接法又分靠接和切接2种。

靠接在整个生长季节皆可进行，以4～7月为佳。靠接部位在距离地面70厘米处，绑缚后裹上泥团，并用树叶包扎在外面，防止雨水冲刷，经60天左右即可切离。靠接是较容易成活的一种方法，但不如切接的生长旺盛。

切接以9月中下旬进行成活率高，砧木以辛夷、木笔较为适宜。选择发育健壮的玉兰花枝条为接穗，把接穗下方的叶片去掉，在接穗下芽的背面1厘米处斜切一刀，削去木质部的1/3，斜面长2厘米左右，然后在这一斜面的背后，削一个约0.8厘米的小斜面，削后将此接穗含于口中。在距地面4～5厘米处剪去砧木上部（剪口必须平滑），用嫁接刀从砧木断面一侧稍带木质部垂直向下切2～3厘米深，然后将接穗插入，使接穗斜面的两边形成层与砧木切缝两边的形成层紧密吻合，接着用塑料薄膜进行绑扎，并用泥土将接穗埋起来，保持土壤湿润。

### ✂ 玉兰花不开花怎么办？

玉兰花若遇栽培环境条件不合适时，就不会开花，需要找出问题加以调整。

初栽的玉兰花不开花是正常的，一般都需要栽培3年之后才能逐渐开花。

玉兰花系大型乔木，小型盆栽容器太小，根系难以伸展，不易开花，最好是地面栽植。

玉兰花性喜阳光，必须在阳光充足处栽植，才有望开花累累。

玉兰花最忌阴湿，应在地势较高处栽植，若在低洼潮湿的阴暗处栽培，则难以开花。

盆栽玉兰花要有充分的肥料供给，上盆时施足基肥，盆体要大，花后的4月，应施入氮、磷结合的肥料1～2次，6～8月现蕾时应施上述肥料2～3次，开花后应追施1次。注意，不可光施氮肥，否则难以开花或开花很少。

# 木芙蓉

**别名** 芙蓉花、水芙蓉、拒霜花、三变花、地芙蓉、木莲等

**环境喜好**：性喜温暖、湿润和阳光充足环境。耐半阴，不耐寒，忌干旱，耐水湿。

**适宜土壤**：适宜生长在肥沃、疏松和排水良好的沙质壤土中。

**适宜温度**：生长适温20～26℃。

## 🌱 栽培管理

木芙蓉可庭院地栽或经人工矮化后盆栽。庭院地栽可于3~4月间进行，要挖深穴，栽前施入基肥后再盖上部分土，幼苗移栽要带宿土，栽植深度应略比原根深些。栽实后浇透水。

盆栽宜11~12月或3~4月间进行，培养土可用园土和腐叶土以5：4的比例进行配制，栽前施入腐熟的饼肥和少量过磷酸钙做基肥。栽后浇透水，恢复生长后，将盆株放置于阳光处培养。需每年换盆1次，宜3月上旬萌动前进行。

庭院地栽生长势较强，可粗放管理。盆栽时需做好浇水、施肥、矮化等管理工作。

## 🌱 繁殖方法（扦插、分株、压条）

木芙蓉可采取扦插、分株、压条等多种方法进行繁殖，一般以扦插方式为主。

（1）**扦插** 扦插宜在秋后木芙蓉落叶后进行。首先选取当年生粗壮枝条，截成15~20厘米的段子，集束放在向阳处沙藏越冬。来年春季2~3月取出插条，插入露地苗床，地上露出部分不超过10厘米，上面盖一些草，以防春寒。扦插繁殖的成活率可达95%以上。

（2）**分株** 分株宜在早春老植株萌芽前进行。首先将老植株从土中全部挖出，顺其根的走势将其分成若干株，然后随即栽入施足基肥的土中，最好以湿土干栽，1周后再浇水。分株繁殖的植株生长很快，当年即可开花。

（3）**压条** 7~8月间将木芙蓉的枝条弯曲（不要折断）埋入土中，约1个月后压在土中部分的枝条便可生出根来，再隔1个月可断离母株，埋入温室或地窖越冬，来年春季再移栽于露地培养。

### 🔍 木芙蓉如何越冬？

木芙蓉不耐寒，长江以北地区庭院栽种的，可在入冬前待地上部分枯死后，将地上部分基部留出约10厘米后剪去，然后壅土防寒。盆栽木芙蓉可在霜降前将盆株搬入朝南的封闭式阳台，室温保持在5℃以上，保持盆土潮润、偏干为度。如环境温度低于4℃，会引起落叶。待清明后再移室外莳养。

# 牡丹

别名 洛阳花、富贵花、木芍花、花王、谷雨花等

**环境喜好**：性喜凉爽和半阴的环境。较耐寒，耐旱，忌炎热和多湿。

**适宜土壤**：适宜生长在疏松、肥沃和排水良好的沙质壤土中。

**适宜温度**：生长适温13~20℃。

## 🌱 栽培管理

盆栽时，盆底可用粗沙或小石子铺3~5厘米厚，以利排水。盆土宜用黄沙土和饼肥的混合土，或用充分腐熟的厩肥、园土、粗沙以等比例混合配制的培养土。上盆时要使根系舒展，不能卷曲，覆土后要用手压实，使根系与泥土紧密接触。上盆后浇1次透水，放半阴处缓苗。转入正常管理后，可放置向阳处，保证其有充足的阳光照晒。新上盆的牡丹，不能施肥，特别忌施浓肥，否则肉质根会发霉烂死，半年后可逐渐施些薄肥，如腐熟的鸡粪水或豆饼水等。生长期间要经常松土，每隔半个月左右施1次复合肥。新上盆的牡丹第1年不一定能开出好花，但培养1~2年后就能连年开花。牡丹一般在4月中下旬开花，开花前可追施1~2次液肥；开花后约半个月

再追施1~2次液肥；伏天可施1次酱渣（每盆40~50克），以利花芽分化。

浇水是否得当是盆栽牡丹成败的一个关键问题。一般早春出房的牡丹应先施1次肥水，然后浇透水，水稍干后松土。以后浇水应根据天气、盆土情况，适时、适量进行，经常保持盆土湿润即可，不宜浇大水，防止盆内积水，以免烂根落叶。

## 🌿 繁殖方法（分株）

分株时一般选比较健壮的、4~5年内未曾分过的植株。先将全株掘起，剔去根土，放置阴处阴干1天，然后用手扒开，用刀分割开（保留一部分根系及近根处的蘖芽），分株不宜过多，每株应有3~5个蘖芽。分好后将过粗的大根剪除，再在伤口处涂1%的硫酸铜进行消毒，或阴晾1~2天后再栽，免得感染病毒。栽培的深度为20~30厘米，不能超过原来老根的深度。栽时要注意使其根须自然舒展，均匀地散布于栽植穴中。栽完后稍微揿压一下，使根部和土壤接触紧密，然后浇1次透水，此后1个月内不可再浇水，更不可施肥。天气冷时，最好能在根部周围盖一层干马粪，若在北方栽植，还应在栽苗地的北面竖挂一些挡风的草帘，以防冻伤。

### 牡丹和芍药从哪些方面来区别？

牡丹和芍药是两种很相似的花，植株的外形和花朵的样子都很相像，当然仔细对它们进行观察还是能区别的。

牡丹叶片宽大，叶对生，正面为绿色并略带黄色，无毛，背面有白粉。芍药的近花处为单叶，叶片正反两面均为浓绿色，叶片着生较密。

牡丹的茎为木质，为多年生落叶灌木，枝较粗壮且繁多。而芍药的茎为草质，它的根内没有木质部。

从花朵上看，牡丹的花都是单朵顶生，花径为20厘米左右，有的还要大。而芍药则是一朵或几朵顶生或近顶端叶腋生，花形较小，芍药的开花时间也比牡丹迟约半个月，这也是区别的特征之一。

# 蜡梅

**别名** 黄梅花、蜡木、黄金茶、香梅、黄花梅等

**环境喜好**：性喜湿润和阳光充足的环境。耐半阴，耐旱，畏风，怕水湿。

**适宜土壤**：适宜生长在肥沃疏松、排水良好和略带酸性的沙质壤土中。

**适宜温度**：生长适温14～28℃。

## 🌿 栽培管理

　　蜡梅盆栽时培养土应选用疏松肥沃、富含腐殖质的沙质壤土。上盆后要及时浇透水，并放在荫棚下缓苗约1个月，再放在阳光充足处养护。浇水应掌握干透再浇的原则，不可多浇，盆土不宜过湿，但也不可过干。平时要经常追肥，以促其形成大量花苞，否则开花稀少。一般每年5～6月间每隔7天施1次腐熟的饼肥水，肥、水比为3：10。7～8月间为蜡梅花芽形成期，可每隔15～20天施1次肥，肥水的浓度应稀一些，肥与水的比例以1：5为好，这样有助于花芽分化。所施肥料必须充分腐熟，不然会烂根。秋后再施1次干饼肥，以供开花时对养分的需要。入冬后要让盆土偏干

一些，不再施肥，否则花期会缩短。12月份移入室内，如果室温高，元旦前即可开花；但若室温低，花期可延迟到春节前后。花后应移往冷凉处，防止过早抽生新梢和叶，影响花芽分化，对来年开花不利。

## ❧ 繁殖方法（播种、嫁接、分株、压条）

蜡梅的繁殖可用播种、嫁接、分株、压条等繁殖法。播种法因不易保持花卉的原有优良特性，故一般不采用。采用较多的是嫁接法，嫁接又有切接和靠接两种方法，而又以切接为常用。

### （1）切接

切接的时间约在3月中旬，最好在蜡梅叶芽刚萌发至米粒大小时进行，若等到叶芽发得过大或已发出叶后再切接就不易成活。切接通常用狗牙蜡梅的实生苗为砧木，以素心或馨口蜡梅等珍贵品种为接穗。接穗宜在1个月前就选定一年生粗壮而较长的枝条，将其顶梢截去，这样可使养分集中到枝条中段的芽上。接穗长7～8厘米，留取1～2对芽。削接穗时不可削得太深，以稍露木质部为准。砧木从离地面5～6厘米处剪断，从砧木直径的1/3处向下切，劈开4～5厘米，把蜡梅接穗插入砧木切口中，对准形成层，接好后用软麻皮绑扎牢，然后用疏松土壤把砧木和接穗一起封住，直至把接穗顶部盖没，此后要保持土壤湿润。1个月后，松开封土，检查是否成活，若已成活，则抹除砧木上的其他新芽，以促接芽成长。接着仍将松土盖在上面，以免刚接活的嫩芽受到风吹日晒而死亡。再过1个月后逐渐去土，让芽苗逐渐接受阳光。

### （2）分株

蜡梅也可用分株法繁殖，若只需繁殖少量几株，适合采用此法。分株繁殖一般在春季2～3月叶芽尚未萌动时进行。分株时，先把母株根部靠子株一边的土挖开，用消毒过的利刀从根部将子株与母体根须切离，另成新株，然

后栽植。栽后注意遮阳，保持土壤湿润，待伏天过后，每隔半个月施1次液肥，当年即可长得枝叶旺盛，2～3年后开花。用此法繁殖，简便易行，成活率高，育苗时间短，见花快。

# 梅花

别名 春梅、干枝梅、红梅、五福花等

**环境喜好：**性喜温暖和阳光充足的环境。耐瘠薄，较耐寒，怕积水。
**适宜土壤：**对土壤要求不严，以肥沃、排水良好的微酸性土壤为宜。
**适宜温度：**生长适温15~20℃。

## ❧ 栽培管理

在梅花的栽培管理中，有几个重要的环节需要抓好：

（1）**适度的光照** 梅花喜欢阳光充足且通风良好的环境，不耐长期荫蔽，只有给予充足的光照，才能生长健壮，开出既多又大的鲜艳花朵。

（2）**合理浇水** 浇水应根据季节、气温、晴雨等情况灵活掌握。一般地说，夏季晴天，天气干燥，可于每天傍晚浇水；若遇阴天，则应根据空气、土壤干湿情况，决定浇水量，或2~3天浇1次；下大雨时，要倾斜盆体排水，待雨过天晴时再把盆扶正；入秋后气温逐渐降低，浇水也应逐渐减少，要掌握"不干不浇、见干浇水"的原则。

**（3）适度施肥** 梅花是一种喜肥花卉，在生长过程中，它需要有氮、磷、钾肥的源源供给，但梅花又是不喜大肥的，供肥不可过量。春季发根后至7月花芽形成这段时间内，可每隔10~15天浇1次腐熟的稀薄豆饼液肥；秋季花芽分化时，要停施氮肥，增施少量磷肥，以促使多形成花芽，到10月上旬可再施1次液肥，促使早春开花鲜艳。每次施肥后都要及时浇水和松土，以保持盆土疏松，利于根系发育。

**（4）整形修剪** 要使梅枝多开花，可以采用在花芽形成的当年修剪新生枝条的方法，促使多生新枝。新枝过长，花蕾反而少，新枝短壮则花蕾最多。在春季花后的新侧枝中，有徒长枝、纤弱枝和病虫枝，应从基部剪除，秋季时，这些新侧枝的叶腋中就有花芽发出。对有花芽的枝条，入冬时还要修剪1次，只需保留10厘米长左右。开花后还要剪短枝条，配合浇水施肥，促进多生新枝、壮枝，以利于多开花。

## 繁殖方法（芽接、扦插、压条）

**（1）芽接** 芽接是用优良品种梅枝上的芽，削下来嫁接在山桃、毛桃、杏等砧木上。嫁接的时间一般在8~9月间。接穗（带芽的部分）选一年生健壮枝条中部的饱满芽，削取盾形芽片，接在一二年生、离地面10多厘米高的桃树或杏树树干上。接时用"T"形芽接

法，即用刀将砧木皮割划一个"T"形，将树皮挑开，把芽片插入，以塑料薄膜条缚紧（把芽露出），约30天后拆开塑料薄膜。若芽片仍是绿色，就表明已经嫁接成功。

# 碧桃

**别名** 花桃、千叶桃

**环境喜好**：性喜温暖、通风和阳光充足的环境。较耐寒，耐旱，不耐阴，怕积水。

**适宜土壤**：适宜生长在疏松、肥沃和排水良好的沙质壤土中。

**适宜温度**：生长适温16~28℃。

## 🌱 栽培管理

碧桃可庭院地栽，或盆栽观赏。一般在春季萌芽前栽植，也可秋季落叶时栽植。碧桃根系发达，地栽不宜过深，以埋住根为宜，深栽反而影响其生长。栽植时可在穴内施少量基肥，肥多会造成徒长，不利花芽形成。

盆栽用腐叶土、园土和沙等量混合的培养土，另加少量厩肥做基肥。春季萌芽前栽植。

碧桃庭院地栽时雨水即可满足生长需要，只有天气干旱时需适当浇水。盆栽生长期注意浇水，特别是夏季气温高，生长快，需水量多，应每1～2天浇1次水，使盆土保持湿润稍偏干状态。

地栽生长季节，可根据植株生长情况决定是否施肥，一般只需在春季开花前施1次肥，落叶前施1次肥。盆栽生长季节每月施腐熟稀薄液肥2～3次。冬季停止施肥。

碧桃喜阳光充足的环境，生长季节每天至少要有4小时以上的直晒日光照射，并且经常转动花盆，使盆株枝条都能接受到日照光。若长时间放置背阴处养护，则植株生长不良，影响开花。

碧桃虽然耐寒，但盆栽为防止根部冻伤，应将盆株搬入0℃左右的室内越冬，减少浇水，盆土干透后再浇水。碧桃落叶后需经30～60天0℃以下低温的春化阶段才能开花。

## 🌱 繁殖方法（嫁接）

碧桃多为重瓣花，不结实，一般多采用嫁接方法。在嫁接中，又多采用芽接方法，因芽接容易成活。

芽接可在7～9月间进行，以8月中旬至9月上旬为最佳时间。砧木一般采用一年生桃树实生苗，也可用杏、梅一年生实生苗。接芽要选优良品种母株健壮枝上的叶芽或复芽，不能用花芽或隐芽。芽接部位应在砧木60～80厘米高处，以"T"形芽接。接芽成活后，当长至12～18厘米时，要进行摘心，以促生侧芽。一般嫁接苗3年就能开花。枝接最好在3月进行，多作为芽接失败后的补接手段。

## 六月雪

**别名** 白马骨、碎叶冬青、满天星等

**环境喜好**：性喜温暖、湿润和阳光较充足的环境。较耐寒，耐贫瘠，怕积水，萌蘖力强，耐修剪。

**适宜土壤**：适宜生长在疏松、肥沃和排水良好的沙质壤土中。

**适宜温度**：生长适温22~30℃。

## 🌿 栽培管理

盆栽可用保水、保肥、透气性好的山土或用腐叶土、园土和堆肥土各1/3混合配制。花盆根据树形、树枝选择。

六月雪并不娇气，栽培养护比较简单，因其畏惧烈日暴晒，生长期间宜放在有散射光或稍庇荫处，夏季不可暴晒，否则会影响枝叶生长。

六月雪不耐水湿，生长期浇水要适量，不可浇水过勤过多，盆土只要保持稍湿润就行，应见干再浇，避免枝叶徒长变形。雨季不能让盆内有积水，以免烂根。夏季天气炎热干燥时，早晚要向叶面及盆株四周喷水降温，以增加空气湿度，有利其生长和开花。秋后宜少浇水，防止盆土渍水，以造成烂根现象。

六月雪虽较喜肥，但若施肥过多，则会引起枝叶徒长，影响树形美观，一般只需在入冬之前和开花后各施1次腐熟的稀薄液肥即可。

六月雪虽然较耐寒，但盆栽入冬前，要将盆株搬入室内，放置向阳处，室温保持在5℃以上。同时要减少浇水，盆土以潮润偏干为宜，这样可达到植株葱绿、青翠、光滑的效果。

### 📖 怎样给六月雪修剪整形？

六月雪的萌发力很强，在枝叶过密时要及时修剪多余的新枝，以免影响树形美观和消耗养分。开花后，对突出树冠外的杂乱枝条，也须加以修剪，不使其影响观赏。需要注意的是，只可疏剪不能重剪。